地域文化视角下凤凰古镇的保护与传承

张蕾 著

中国原子能出版社

图书在版编目（CIP）数据

地域文化视角下凤凰古镇的保护与传承 / 张蕾著
. -- 北京 ：中国原子能出版社，2019. 11（2021.9 重印）
ISBN 978-7-5221-0209-2

Ⅰ. ①地… Ⅱ. ①张… Ⅲ. ①乡镇-古建筑-保护-研究-柞水县 Ⅳ. ①TU-87

中国版本图书馆 CIP 数据核字（2019）第 256820 号

地域文化视角下凤凰古镇的保护与传承

出版发行 中国原子能出版社（北京市海淀区阜成路 43 号 100048）
责任编辑 胡晓彤
责任校对 鹿小雪
印　　刷 三河市南阳印刷有限公司
经　　销 全国新华书店
开　　本 787mm×1092mm 1/16
印　　张 12
字　　数 220 千字
版　　次 2019 年 11 月第 1 版 2021 年 9 月第 2 次印刷
书　　号 ISBN 978-7-5221-0209-2 **定　价** 58.00 元

网址：http：//www. aep. com. cn **E-mail**：atomep123@126. com
发行电话：010-68452845

前言

2015年，作者第一次带学生去江苏同里古镇参观，就被那里的小桥、流水、人家所吸引。那里的古镇传统建筑及周边环境保存完整，旅游开发得当，形成了保护与更新双赢的局面。由此想到，作为历史悠久、文化灿烂的陕西省，也有大量古镇保存下来，如果也能像同里古镇这样合理保护，适当开发，那对于珍贵的文化遗产的保护与传承该是多么好的一件事。于是，作者开始了解陕西省古镇的一些情况，发现现实状况不容乐观，在现代化进程的迅速推进过程中，大量的传统建筑被随意改造，甚至大片拆除，也有因为无人问津而日渐腐朽，成为危房，随时都有倒塌的危险。以此为契机，对商洛地区的凤凰古镇进行调查研究，希望以此为古镇的保护与更新尽一份心力。

本书共分为五章。第一章从历史沿革、自然环境以及社会人文等方面介绍了凤凰古镇的具体情况。第二章主要从古镇整体布局入手，详细介绍了古镇的山水格局、城镇肌理、环境景观等方面的内容，总结其选址布局的主要特征。第三章以具体的建筑为研究对象，通过实地调研、测绘、问卷访谈等方式，对古镇的传统建筑现状进行梳理，总结其在空间布局、造型、构筑方式等方面的特征。第四章从建筑装饰角度入手，对古镇的建筑装饰题材、色彩、材质以及具体装饰部位等进行研究。第五章结合前面四章的研究成果，针对古镇在保护方面存在的问题，提出古镇的保护和发展策略。

在本书的写作过程中，作者查阅了大量的资料，并对一些有争议的问题请教了相关的专家，以期本书能为凤凰古镇的保护和传承贡献自己的力量。在本书的写作过程中，得到了许多专家的指导，特别是西安理工大学土木与建筑工程学院朱轶韵教授和桑国臣教授的支持，李爽、张宇飞、江书琴、秦瑞烨、贾婉颍等学生为完成本书做了大量的工作，在此一并致谢！由于能力有限，本书中仍存在很多不足之处，还望读者批评指正。

作　者

2019 年 1 月

目录

第一章　历史与文化

凤凰古镇位于陕西省东南部，秦岭南坡，属商洛市柞水县，距柞水县城 45 km，距西安市 107 km。清代时因其西南有凤凰山而得名凤凰嘴，民国时期改名凤凰镇，一直沿用至今。

第一节　自然与区域

古镇地处秦岭南坡群山环抱之中，在社川河、皂河沟、水滴沟三河交汇处“十字水”肥沃的三角洲上，背靠大梁山，面向凤凰山，为自然形胜之地。辖区内山大沟深，林木葱翠，流泉清澈，空气纯净，气候宜人（见图 1.1）。

图 1.1　古镇地形地貌

古镇历史文化源远流长，镇区现有长约 1 km、保存完好的明清古建筑一条街，保存完整的明清古建筑 140 余座（户）。凤镇街古民居是陕西省目前发现的唯一一处保存比较完好的清末、民初的古镇建筑群落，被历史学家誉为具有秦风楚韵的“江汉古镇活化石”。2010 年被住建部和国家文物局授予“中国历史文化名镇”，2014 年被住建部确定为“全国小城镇建设重点镇”，2015 年镇区凤镇街社区被陕西省住建厅评定为“省级传统村落”。

这是一座美丽幽静的山间小镇，是一座具有上千年历史的古镇，一座历史遗迹众多、民间艺术丰富的历史文化古镇，优美的自然环境、丰富的自然资源、悠久的历史文化，造就了一座边贸古镇、文化名镇。

一、自然及资源

凤凰古镇自然资源丰富，周围群山环绕，土壤肥沃，有三条河从周边流过，古时候水运便利。在山环水抱之下，逐渐形成了丰富的自然人文景观；并且拥有与山水融为一体的古街巷，成“S”形分布，形成古镇的主要街道骨架。

1. 地理位置

秦岭是中国南方和北方之间一条重要的自然地理分界线，同时也是亚热带和北温带的分界线。冬季到来，秦岭以北的大部分地区，河湖结冰，北风呼啸，大部分的树会落叶。而在秦岭以南地区，冬季不结冰，树木不落叶，一年四季常绿。

柞水县位于陕西省东南部，商洛市西部，北靠西安市的长安区和蓝田县，东和南分别与商洛市的商州区、山阳县和安康市的镇安县毗邻，西为宁陕县。与西安直线距离 70 km。

古时候的柞水县是长安的重要门户，曾是长安通往安康的要道，连接湖北的天然纽带，素有“终南首邑”“秦楚咽喉”之称。关于其县名来历有三种说法：第一种说法是，县名来自境内的乾佑河古名；第二种说法是，原孝义厅（大山岔）西北有个小山丘，山丘上有茂密的柞树，树下有一眼山泉，四季流淌，被视为水的源头，故而得名；第三种说法是，后置的厅城（今县城），环山密布柞树林，河水绕城而过，因而得名。三种说法基本上没有多大的矛盾，都突出了“柞”与“水”的结合。

柞水县境内主要是以高、中、低山为主体的山区，整个地势西北高、东南低，并由西北向东南呈倾斜地势，最高点为营盘牛背梁主峰，海拔 2802. 1 m，最低为社川河谷，海拔 541 m。唐代诗人贾岛曾用诗句描绘柞水县的自然地貌“一山末了一山迎，百里都无半里平”“九山半水半分田”，正是柞水县自然地貌的真实写照。

凤凰古镇位于柞水县境内东南部，地理位置东经 108°50′~109°36′，北纬 28°50′~36°56′，地处社川河中游，秦岭南麓。东邻凤镇区周垣乡，西邻凤镇区黄金乡，南邻凤镇区宽坪乡，北邻凤镇区皂河乡。面积 29 km^2，人口 5683 人，辖凤镇街、康湾、纸坊、清水四个行政村和凤凰镇居民委员会，21 个自然村。

凤凰古镇交通便捷，从柞水县到古镇有 307 省道，从商洛市到古镇有 307 省道和沪陕高速，从西安到古镇有包茂高速公路，四通八达，因此有“1 小时柞水县，2 小时商洛市，3 小时西安市”之说。

2. 水文地质

凤凰古镇周围群山环绕，南有大梁山，北有凤凰山，地形北高南低，两山之间地势平坦，并有社川河、皂河、水滴沟河在此处交汇。其中社川河是柞水县境内金钱河的一级支流，源出于银碗乡，流域面积 412. 84 km^2，年径流量 1. 119 亿 m^3（见图 1. 2）。

图 1. 2　沿河景观

这里地形闭塞，又受局地环境的影响，所以平均年降水量在750 cm以下，在柞水县境内属于降水较少的。

3. 气候条件

南北气候带的特点在凤凰古镇所属的柞水县同时存在，其东南部属于北亚热带，北部属于暖温带。整体来看，属于暖温带与亚热带的过渡区域，因此有着极为明显的植被繁衍群落。当地有“六月太阳晒半边”“高一丈不一样”等说法，指的就是植物带在气候影响下明显呈现出的平行与垂直分布特征。很多的植物种群均适宜在此生长、繁衍与进化，这样的气候特征对不同药物的生长极为有利。正因如此，当地可谓天然的大药库。

这里阳光充足，年平均日照 1860. 2 小时，最低平均气温 0. 2 ℃，最高平均气温 23. 6 ℃。四季分明，温暖湿润，夏无酷暑，冬无严寒，适宜长、短日照和不同温湿度条件下的植物发育生长，也是天然的避暑胜地。

4. 自然资源

古镇属于亚热带气候，常绿阔叶林植被，主要生长着马尾松和麻栎林，组成了南方型松栎林。其他还分散生长着一些其他类型的中亚热带常绿阔叶林，例如大叶楠、山楠、青檀、小青冈，植被种类丰富。另外，这里也是中国杉木天然分布最北界限之一（见图 1. 3）。

图 1. 3　马尾松和麻栎树

这里的植被分布还有另一个特征，植被垂直带分布明显。海拔在 541~900 m 之间，气候湿热，出现了许多亚热带常绿阔叶树，如棕榈、大叶楠、乌药、女贞等；本带中还分布了麻栎、栓皮枫杨等落叶阔叶树；常绿灌木如光叶海桐、冬青；落叶灌木马桑、盐肤木；藤本有猕猴桃、葛藤等。不同的植物带来了核桃、板栗、木耳、香菇、香椿等特产。

在动物区系的构成方面，古镇位于柞水县的南部，属于东洋界，兽类中的羚牛、豹、猪獾、花面狸、青羊、豪猪、苏门羚以及鸟类中的竹鸡、灰卷尾、锦鸡、珠颈斑鸠等，是其中的典型代表，属于南方品种。

古镇也是柞水有名的“金山粮仓”，山沟村资源丰富，是黄姜、丹参、五味子、二花、天麻、板蓝根、柴胡、桔梗等中药材的盛产地。

古镇的矿产资源丰富，有铜矿、赤铁矿、菱铁矿、磁铁矿、褐铁矿、铅矿等。

古镇周围的山地景观更是别具一格，奇峰峻岭、茫茫林海、奇花异草、飞禽走兽，不一而足。这里还是天然的森林氧吧，夏季的避暑胜地。优良的自然资源为游览观光、度假休闲、健身疗养等提供了极佳的基础条件，再加上与古镇人文景观的相互融合，全面拓展了旅游的主体内容。

二、区域与环境

古镇独特的地理位置，造就了其独特的人文景观和自然景观。人文景观主要包括古镇“S”形老街上的传统民居，是南北民居交融的典型代表。周围的社川河、凤凰山等环绕，走在古街上，抬头就能看到远山，乘船顺水而行，古街自然成为引人观赏的对象，两者你中有我，我中有你，交相辉映，融为一体。

1. 山水环境

凤凰古镇境内，高山绵延，河水环绕，自然风光秀丽。古镇南北两面均有山脉，南面和西面有河流经过，背山面水，位于一个地势较为平坦的小盆地中，形成南北走向的两条山脉和夹在其中的三条河流为主体的山水格局。自然的山水格局一方面为古镇提供了良好的自然生态环境，另一方面也影响了古镇的整体格局的发展（见图 1.4）。

受到山势和水系的影响，建筑群体的布局呈“S”形，沿东西方向延伸。曲折的街道上有着古香古色的建筑，大多为砖木混合结构，街道狭长，地面铺着青石板路，古老而淳朴（见图 1.5）。

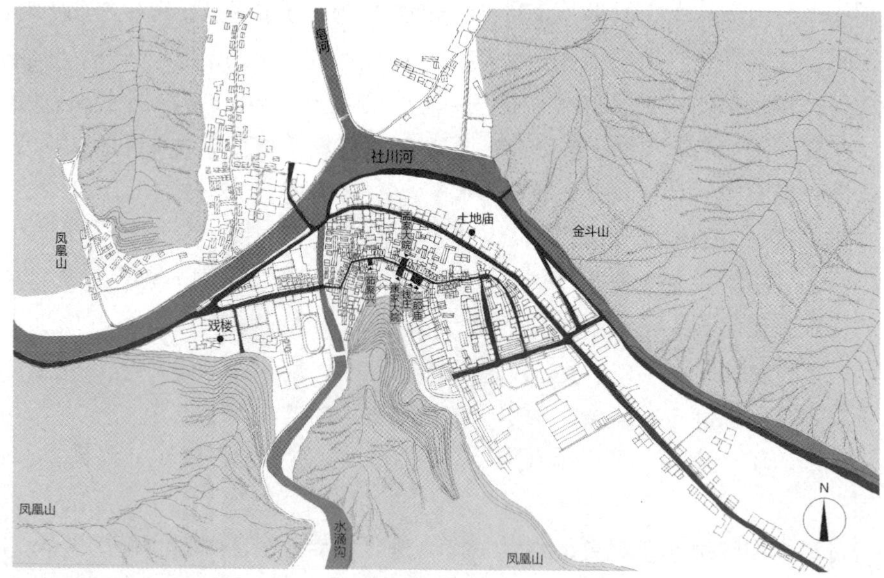

图 1.4　山水环境图

图 1.5　街景鸟瞰

2. 周围景点

凤凰古镇，不但自身处于优美的自然山水之间，而且周边也有着美丽的自然风光：牛背梁国家森林公园、柞水溶洞、天蓬山寨景区、观音寺、子房寨等，景色秀丽，引人入胜（见图 1.6）。

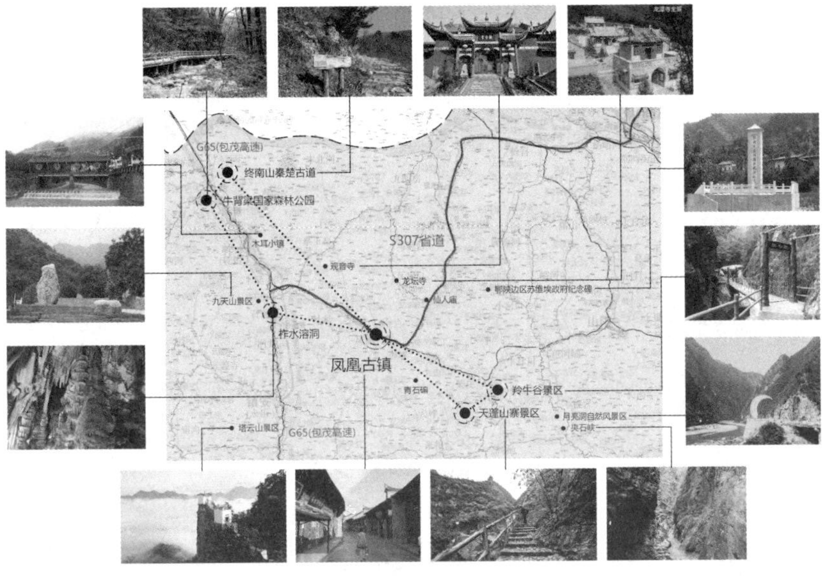

图 1.6　古镇周边旅游景点分布图

其中最著名的是柞水溶洞国家地质公园。它位于陕西省商洛市柞水县城南13 km的石瓮镇。溶洞风景区包括佛爷洞、风洞、百神洞、天洞、云雾洞等百余个溶洞。这里自然环境灵秀典雅，景点多而集中，既有可与“瑶林仙境”媲美的喀斯特溶洞群，又有山清水秀之风姿，堪称绝景。溶洞内形态各异的钟乳石琳琅满目，绚丽多姿，石笋、石幔、石帷、石瀑布美不胜收；石禽、石兽、石猴、石佛惟妙惟肖，酷似逼真；晶莹透亮的石花、石果、石蘑菇、石葡萄令人垂涎欲滴，被誉为“北国奇观”和“西北一绝”。1990 年被陕西省人民政府首批公布列为全省十大风景区之一，1999 年又被评为全国名洞（见图 1.7）。

图 1.7　柞水溶洞

牛背梁国家森林公园有着茂密的原始森林，清幽的潭溪瀑布，独特的峡谷风光，罕见的石林景观，以及秦岭冷杉、杜鹃林带、高山草甸和第四纪冰川遗迹，这些独特的高山景观造就了景观多样性与独特性汇聚一园的国家级森林公园（见图 1.8）。

图 1.8　牛背梁国家森林公园

第二节　历史溯源

凤凰古镇先后名为三岔河口，社川河都、凤凰嘴，民国三十年（公元 1941 年）更名为凤凰镇，也称为凤镇，2003 年撤区并乡时，撤销了原凤镇区，将原来的皂河乡、宽坪乡、周垣乡、凤凰镇四个乡镇合并成凤凰镇。

据《柞水县志》记载，凤凰镇始建于唐高祖武德七年（公元 624 年），唐宋时叫作“三岔河口”（社川河、皂河、水滴沟河三条河在此处交汇），元代时更名为“社川河乡都”，明宪宗成化十五年后（公元 1479 年）称“社川里”“上孟里”，清嘉庆年间改名为“凤凰嘴”（因其西南有山名凤凰山），民国三十年（公元 1941 年）更名为“凤凰镇”。

自唐以来，历经五代，北宋，辽，金，元，明，清，民国，古镇均为当地

基层政权组织所在地。

唐高祖武德七年（公元 624 年）三月廿九日朝廷始定均田，“凡天下丁男，给田一顷；笃疾废疾，给四十亩；寡妻妾，三十亩，若为户者加二十亩。……百户为里，五里为乡，两京及州县之廓，内分为坊，郊外为村里村坊，皆有正，以司督察。四家为邻，五邻为保。保有长，以相禁约……工商之家不得预于土；食禄之人不得夺下人之利。”这种土地政策旨在奖励劳动者，发展农业生产。第二年就有大量从今天湖北、湖南等地的移民来此定居并接受均田，年底已经达到 53 户。这是古镇历史上的一次大的移民迁入。由于这里土地肥沃，雨量充沛，气候温和，适宜农作物生长，到武德九年（公元 626 年），定居者已达 121 户。除官府有组织地迁民来此外，还有许多从各地自发前来的垦殖、伐木、淘金者，络绎不绝。武周万岁通天元年（公元 696 年）以后，因水路交通发达，这里成为商品集散地，由武汉等地运来的商品，经水路到达这里集散，从秦岭等地收购来的山货等又经此地运往汉江平原，虽无市场，但有“日日为市”之说。

宋金时期，金皇统元年（公元 1141 年）宋金议和，以淮河、散关为界，北属金，南属南宋，古镇所在的柞水县以古道岭为界，是金和南宋对峙的前哨，境内战争频繁，人民劳役繁重，有大量人口外逃。

明朝末年，李自成起义军将这里作为驻扎地，官军前来清剿，双方在凤凰古镇周边，进行多次激战，街道房屋大多毁于战火。

清顺治初年，朝廷下达垦荒令，由官府提供耕牛、种子等农业生产的基础资料，当时有 300 多农户来此定居垦荒。清康熙十四年（公元 1675 年），平西王吴三桂手下大将汤某率兵夺取镇安县城，到达这里时，以“李自成之巢穴”为罪，将街道房屋烧毁。

清乾隆六年战乱结束后，官府再次下达招垦令，有荆、湘等地的大量移民迁入，在此定居。后来，豫、鄂、川等地客商看中这里水运交通发达的优势，来此经商并安居。到了清道光年间，因为从凤凰古镇到西安的骡马道开通，水陆运输在这里连成一线（见图 1.9），商旅往来云集与此，逐渐形成固定的集市。到了嘉庆年间，这里大量建造街市门面，广招商客和手艺人，新建街房百余间，商业一时繁荣之极，有“小上海”之称。

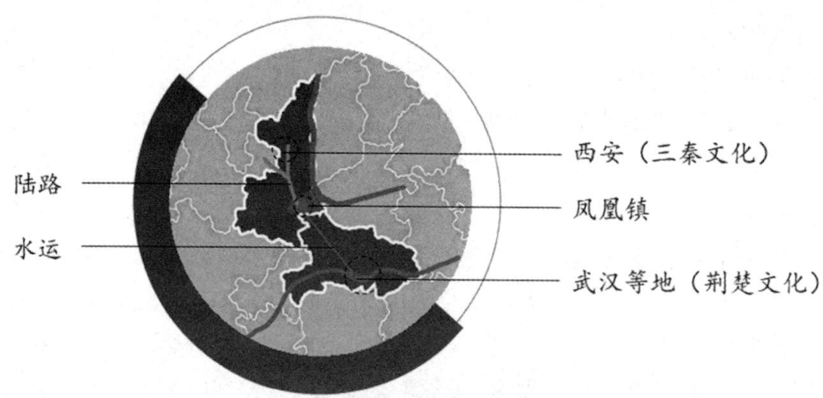

图 1.9 水陆运输路线图

民国初年，各类商埠字号、店铺钱庄鳞次栉比，市井繁荣。古镇逐渐成为秦岭以南连接长江水系与黄河水系的重要商贸集镇。北方的山货土特产经马帮和人驮转至此，再经水路南下，沿汉江转到汉口；而江南的丝绸、稻米也经水路运来，而后从旱路翻越秦岭输送关中。

20 世纪 30 年代后，随着水运的萎缩和公路交通的改善，古镇逐渐失去了往日的繁华，渐渐隐没在秦岭深山之中。尽管如此，现在凤凰古镇和周边地方，依然保留着许多的传统作坊和传统工艺，如酿酒作坊、造纸坊、铁匠铺、丝织店等，当地很多人的生产生活方式中还依稀保留着古老的痕迹。

第三节 社会文化

一、文化交融

古镇地处秦岭腹地，是我国南北过渡的中间地带，特殊的地理位置决定了它特殊的地域文化。这一地区在历史上曾多次发生大规模的人口迁移，各地移民的大量迁入定居，不仅促进了经济的繁荣和社会的发展，也促成了南北文化的大交融，古老的陕南文化在荆楚文化、三秦文化等外来文化形态的冲击和交融中，得到不断升华和完善，从而形成了南北交融、东西荟萃的地方特色，民间文化和民俗文化有了重大发展，这一历史文化沉淀直到今天仍体现在古镇居民生活的方方面面。

1. 荆楚文化与三秦文化的交融

秦岭横跨陕西省中部地带，将长江、黄河两大流域一分为二，南方和北方

的地理界线就此形成。凤凰古镇所在的柞水地区位于秦岭南麓，与关中地区虽然地理位置上很接近，但是由于秦岭这道天然屏障，使其在文化上与关中地区呈现出了迥然不同的状态，除了三秦文化之外，还受到来自荆楚地区文化的影响。荆楚文化属于长江文化，位于界线以南，三秦文化属于中原文化，位于界线以北。

三秦文化，是指三秦大地上存在的地方本土文化。“三秦”在古代主要指陕西关中及陕北南部地域。据《史记·项羽本纪》记载，秦朝灭亡以后，项羽三分秦故地关中，以秦降将章邯为雍王，领有今陕西中部关中平原咸阳以西地方；封司马欣为塞王，领有今咸阳以东至黄河的地区；董翳为翟王，领有今关中以北陕北南部地方，将其合称为三秦。三秦文化是中华民族的地方文化之一。三秦文化带有浓厚的农耕文化特色，关中盆地有渭河冲积形成的八百里秦川，沃野千里，再加上气候温暖湿润，是农业发展的极佳场所。这样的自然条件形成了独特的地域文化。首先，这里的人安土知足，信赖土地，不愿离开本土；其次，很早就形成了以农为本、重农轻商的观念；最后，有耕耘才有收获，农业文明的影响形成了这里务实、厚重的民俗文化传统，待人诚实，不讲客套，不慕虚名。

春秋战国时期，在中国的南方有一支高度发达且风格独特的区域文化——楚文化，其辉煌灿烂的文化成就举世瞩目。而荆楚文化主要是湖北地区的历史文化，它与楚文化有一定差异，可以说，楚文化是荆楚文化的源头与主干。荆楚文化是中国地域文化的重要一支，历史悠久，特色鲜明。其文化特征十分明显：崇尚自然，浪漫奔放，兼容并蓄。

楚地习俗中大多笃信鬼神，崇尚黑红两色，常用凤凰作为装饰主题等。这些都可以在屈原的作品和楚文化其他流传的故事中得到印证。今天楚地的居民们还保持着祖先的这一传统。在他们心中，鬼与神是切实存在于我们身边的，是生活中不可分割的一部分，人们必须在建筑中经常给鬼神留出自己的生活空间，并且要尊重他们的生活习惯（见图 1.10）。

图 1. 10　楚地习俗

凤凰古镇处在秦岭腹地，它所属的柞水地区历来就是秦楚两地要冲，自汉唐时起，就有以长安（秦地）为中心的古道武关道、峪谷道都与楚地相连（见图 1. 11），其中峪谷道正是经过柞水地区。峪谷道原名义谷道，是历史上秦楚相通的官道，因途经今长安的大峪而得名。它自长安城南进入大峪，跨越秦岭后经柞水地区太峪河沿乾佑河南下，经镇安、旬阳，直到今湖北荆门。南北朝北周保定二年（公元 562 年），大冢宰晋国公倡修大义谷（大峪）至旧县关（今柞水县城）的大道，名曰："义谷道"。从此秦岭南北通畅无阻。该道长90 km，路面宽2. 5 m，可通行古兵车。唐万岁通天元年（公元 696 年），今柞水东南大部地区同今镇安县由酆阳分出设置安业县后，由旧县关续修，经今镇安、旬阳达金州（今安康）。从此，柞水北通省垣，南至金州的必经之地，商贾、行旅日增。至民国期间，均沿此道北上南下。历代农民造反军及官军多由此道北进省垣，南下兴汉。1960 年镇安、柞水两县去西安的公路经老林、黄花岭至宁陕广货街接西万路后，营盘至大峪段古道仍为人行道。开辟此类古道让文人墨客游玩，传递雁子鱼书，商贾民间贩运，运输贡品皇纲，官方使臣来往等更便利，同时秦楚文化的交流也更为频繁。

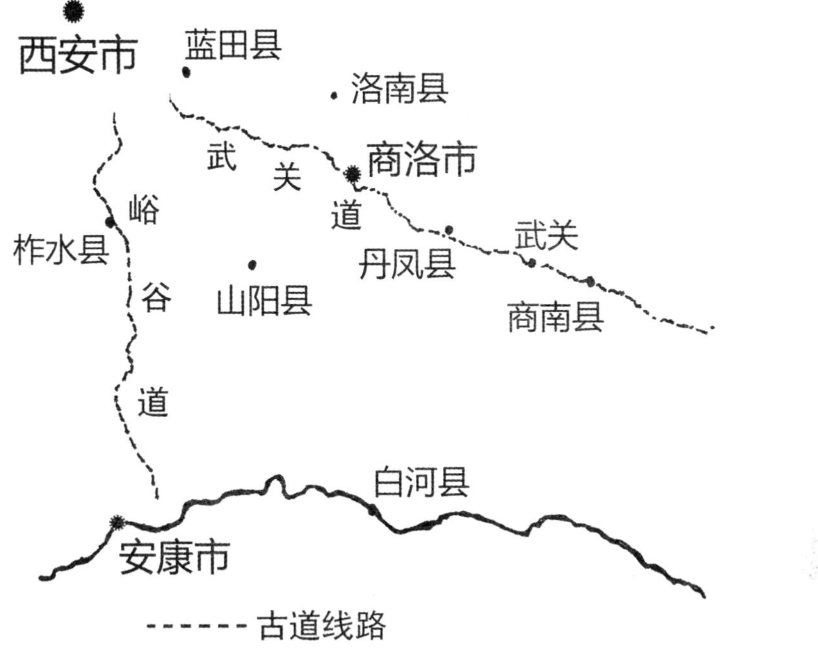

图 1. 11　古道地缘示意图

凤凰古镇特殊的地理位置带来了地域文化的独特渊源，既可向长江流域的楚文化寻根，又可向黄河流域的三秦文化溯源。因此，当地的地域文化中的两种文化融合特色极为明显。尤其明清时期，来自东南方的湖广移民在这里大量定居，为这里注入了新鲜血液，不同类型的文化在这里碰撞交汇，沉积成具有强烈的地方特色的陕南文化。

移民们带来的原居住地的文化、信仰、建筑特征等融入古镇的方方面面，文化传统、风俗习惯、建筑布局和装饰特点等都带有楚文化的特征。

2. 市井文化

《管子·小匡》曰："处商必就市井。"尹知章作注曰："立市必四方，若造井之制，故曰市井。"市井，也就是我们平常所说的商业区。它占据一定的城市空间与时间，并在一定意义上构成城市的人文景观。

对于凤凰古镇而言，优越的地理位置为这里商业的发展提供了先决条件。这里自古就有水路通往汉江平原，互通贸易。自清朝中期，开辟了从古镇到西安的骡马道，将水路陆路运输连成一线，从西安至汉江平原，贸易往来频繁，商旅往来多云集于此，此地形成固定的集市。民国初年，这里已经是商埠字号、店铺钱庄遍布成街，逐渐地成为秦岭以南地区，连接长江水系和黄河水系的重要商贸集镇。

市井文化在这里生根发芽，并一直延续下来，这里人口密集，手工业、商业繁荣。老街两旁的店铺很多，商品种类繁多，周边地区的人们都喜欢来此购物，因此，街道上总是人头攒动，非常热闹。居民的生活以水展开，住在水边，吃水、用水、乘舟而行于水，水孕育出古镇的个性和文化特征。小桥流水，庭院绿荫，熙熙攘攘的市井街道，桥头人来人往，店铺鳞次栉比，房舍街店青砖黑瓦，古朴典雅，这些都渗透出浓郁的生活气息（见图 1.12）。

图 1.12　热闹的街景

一天的生意结束后，店主合上木板门，街道恢复了宁静，呈现出另一种景象：斑驳的油漆下是皲裂的木纹，抬眼望去，细细的黑瓦层层叠叠，着暗红色的木板、灰色的青砖向远处蔓延。为生存的忙碌结束后，安静的老街就成为居民们品茶、纳凉、聊家常的地方，是另一番温馨场景（见图 1.13）。

图 1.13 居民们在街上聊天休息

3. 戏曲文化

(1) 柞水渔鼓。渔鼓的历史要一直追溯到唐代，它源于唐代的《九真》《承天》等道士曲，以道教故事为题材，宣扬出世精神，名为道情。道情是道教的产物，就是道士在道观中所唱的经韵，又称道歌，自古就有用渔鼓、简板演唱的记载。道情中的诗赞体一支主流流传到南方，为曲白相间的说唱道情，即为渔鼓曲的前身。曲牌体流传到北方发展成为戏曲道情，成为道情戏，与渔鼓道情有较大区别。

在传统的道教故事及传说中，道教八仙都有自己修身护道的法器，八仙之一的张果老倒骑着毛驴，手执渔鼓，有渔鼓唱词为："竹板敲，渔鼓响，张果老骑在驴背上"，说明道教与渔鼓的关联，由此可见渔鼓在道教中的作用及历史的久远（见图 1.14）。

图 1.14　柞水渔鼓

地处汉江源头主要支流的柞水地区，古为“终南首邑，秦楚咽喉”，早在商初，人类已在境内繁衍生存发展。到隋末唐初，秦岭南北打开数条通道，成为岭南货物进入古都长安的必经交通要道。而柞水地处偏僻，山大林莽，也成为各省人躲避战乱较为隐蔽之所，迁来这里的南方各省人数日渐增多。据县志记载：“自乾隆三十八年（公元 1774 年）湖南、湖北、河南、江西、四川、广西、广东移民甚多……来此占山为王，圈地开荒，络绎不绝”。诸省移民迁居柞水也带来了渔鼓戏曲。

如今的柞水渔鼓、民歌、俚曲当属汉江流域文化的一个主要表现形式。柞水渔鼓独树一帜。中国南北方言杂陈，尤以南部方言为众，有十里乡音九不同之说。柞水渔鼓声腔曲调源于湖广、汉江流域，而柞水又为中国南北结合部交织区域，境内又有从关中迁往而至的客籍，南北语音方言在这里交汇融合，成为独具特色的柞水方言土语，音乐的声腔就基于此形成，最终形成独具特色的柞水渔鼓声腔派别。

柞水渔鼓有别于南方各类渔鼓，是基于它南北交汇这一独特的地理位置，接楚纳秦，取南北之长，扬当地之风，形成了独有的渔鼓腔调、渔鼓内容。由于这里自古交通不便，楚文化落脚当地后保持着少有的古朴与原始，可以说很多唱腔，均应为清朝传过来后与当时民歌结合而生的原生态曲艺，非其他地方可比，原始、古朴、不失当年韵致。

除了柞水渔鼓外，古镇还有另一种戏曲文化盛行，就是汉调二簧。

汉调二簧最初的发祥地为紫阳蒿坪河一带。最早的班社活动可以追溯到乾隆二年（1737）。1958 年，据老艺人冯仁才、邱盛茂口述，蒿坪河东门寺的乐楼（戏台）上曾有“乾隆二年八月乾胜班在此破台”的题壁。生于乾隆三十六年的蒿坪河艺人杨履泰（杨家家谱），曾于乾隆末期至嘉庆年间领泰丰班在蒿坪河一带演出，享名一时。嘉庆至道光年间，杨履泰与其子杨金年首次创办了汉调二簧科班，收徒六十余人，为二簧培养出“鸿”“来”两辈艺人。两辈艺人分散于安康、汉中、商洛、关中及四川等地领班演出，并不断在各地举办

科班，教授学徒，遂使汉调二簧在各地得以传播和发展。在其流行过程中，因受各地语言、民歌、地方戏曲的影响，相继形成了汉中、安康、关中、商镇四路二簧，清末民初出现了班社林立，艺人辈出的兴盛局面（见图 1.15）。

图 1.15　汉调二簧

（2）汉调二簧。民国初年，凤凰古镇开始有了汉调二簧。陈忠洪从山阳来这里演出传艺，一直流传至今，现在古镇上还有相当一部分居民喜欢这种戏曲艺术，闲暇之时组织表演，很受欢迎。当地其他的戏曲表演还有猴子戏、皮影戏、梆子等来自河南的外地戏曲。

（3）花鼓。花鼓戏由民间打花鼓演变而成，起源于隋唐，形成于宋。陕南花鼓是“小调”“八岔”“筒子”三种小型歌舞剧的通称。安康称“三棚子”“拉花戏”；汉中称“八岔子”“端公戏”；商洛称“花鼓子”。这里的演出风格与安康相近。

黄花鼓戏具有乡土气息浓郁、文词通俗易懂、曲调委婉动听、服饰简单、人场人物少等优点。古镇的表演形式有：地头清唱、打锣鼓歌唱、街头坐摊演唱、春节伴随龙灯、旱船舞唱等。

清乾隆后期，湖北麻城人，在古镇落户，或经商或务农，他们常利用闲暇演出或清唱花鼓戏，使鄂西麻城花鼓与本籍人的花鼓通过交流融会贯通，取长补短，促进了柞水花鼓的发展，并具有一定的地方特色。民国时期有半职业的二棚子班社演出《送友》《吵嫁妆》《蓝桥会》等十多个剧目，反映了当地的风土人情，歌颂劳动人民的智慧与爱情，表演活泼，妙趣横生，艺术享受和娱乐消遣兼而有之。中华人民共和国成立后，仍有继续表演，并创作了许多现代题材的新曲目。

当地其他的戏曲表演还有猴子戏、皮影戏、梆子等来自河南的外地戏曲。

二、城镇古迹

1. 街巷

古镇现在的主要街道凤镇街形成于明末清初，这里水运便利，是陕鄂两省水陆运输的重要枢纽，街道呈“S”形，长约750 m，保存有较为完整的带有江汉特色的传统民居120余座，其中三进院落有70余座，两进院落50余座。这些民居中有大约40余座建于清道光年间（公元1821—1850年），80余座建于清咸丰年间（公元1851—1861年）。这里在明清两代长期作为水陆运输的枢纽，贸易往来频繁，商贸活跃，有钱庄、当铺、药铺、各类作坊，相当兴旺。

这条老街历史悠久，沉淀了丰厚的文化内涵，搬迁来的外地移民和这里的原住民融为一体，也为这里的文化带来新鲜血液，逐渐形成一种新的地域文化。整个历史街区就是这种文化的载体，有着重要的观赏和研究价值（见图1.16）。

图1.16　古镇街巷

2. 典型传统民居

典型的传统民居主要包括孟家大院、丰源和古钱庄、康家大院、茹聚兴药行等。这些大院都分布在凤镇街两侧，建筑基本保存完好，大多为两进或三进院落，带有浓郁的江汉古民居特点，空间丰富多变，装饰华丽，具有一定的学术研究价值。同时，由于城市的迅速发展，现代化生活方式的冲击，对古建筑也带来了较为严重的破坏，保留下来的更显得弥足珍贵，也是吸引游客观赏和

学者研究的重要对象，对它们的保护和传承应极为重视（见图 1.17）。

3. 庙宇

二郎庙位于凤凰镇凤镇街村凤镇老街街东端南侧。据传说，明末李自成官兵驻扎凤凰街时，对二郎神崇拜至极，从此善男信女络绎不绝，香火旺盛。自此，每逢重要的节日居民们就要来此拜拜，祈求五谷丰登，六畜兴旺。

4. 古井

古镇有一口古井，名为“聪明泉”，什么人开凿已无从考证。井底有四个出水眼，四季不竭，每当社川河、水滴沟河干旱断流时，这口井就成了居民唯一的水源，其重要性可想而知。

图 1.17　茹聚兴药行

5. 子房寨

寨子周围山势陡峻，山顶平坦。寨内可容千人，有水。石砌围墙现仍完整无缺。1947 年国民党军队在寨上据守月余，后被中国人民解放军击溃。在现代战争中有据寨阻截敌军过往和对空作战的作用，但易遭敌炮轰（见图 1.18）。

图 1.18　子房寨

三、民俗风情

古镇处于秦岭腹地，自唐以来，以农为本，农耕文明的影响随处可见，儒家文化是农耕文明的思想基础，其根本是伦理，尊卑有别，长幼有序；这里山环水抱，同时又兼有渔猎文化的影响，再加上南北文化在这里交融，南方的移民带来了他们特有的生活习俗，并与当地的原住民相互交融，最终形成了独特的民俗民风。由于大多数人来自五湖四海，出门在外，习惯了相互帮助，共历艰险，从而形成了凤凰古镇的人们质朴豪爽、乐于助人的品质。同时，由于商业的影响，凤凰古镇人也格外的精明，善于与人打交道。既有儒家文化影响下的尊卑有别，又有山里人的敦厚淳朴，同时也不乏小商人的灵活机变。所有这些都对当地的居住文化和古建筑群的空间形态影响颇深。

作为某地历经历史积淀而成的一种风尚，民俗属于生活中数量众多的劳动者自然产生传承而来的一种风俗，其属于民间生活领域内文化承袭的总汇。其文化特征中具有明显历史延续性、地区性、基层性，一般经由群众心理、行为和口头得以体现。此类现象与事物在群众的精神与物质等传统生活内均有所体现。作为民族社会心理的表现形式，民俗是一种重要的文化现象，是广大中下层劳动人民所创造和传承的民间社会生活文化，是民俗文化的组成部分。

1. 习俗

古镇的历史悠久，源远流长，再加上历史上几次大的移民输入，带来了异地的民俗文化，在与当地传统文化的碰撞和融合之后，形成了古镇特有的地域风俗。

（1）传统节庆。这里的人们从除夕到年末，极为重视传统节日，具体的习俗大多与北方其他地区基本一致，同时又融入了一些南方地区尤其是荆楚地区的特色。

1）春节。春节是中国传统节日中最重要的一项，无论是南方或者北方，都十分重视。凤凰古镇的春节，从腊月初九就开始准备，尤其是腊月十五之后，要做各种卤菜，熏制腊肉，做豆腐，蒸馒头，炸面食，等等，可算是进入了节前准备的高潮阶段。

准备好各色食物之后，还要进行大扫除，贴对联儿、门神、窗花，等等，就连牲畜栏、井台、粮仓都不能落下，全都贴上“五谷丰登”“六畜兴旺”等对应的吉祥话。一切准备就绪后，就是祭祖活动。中国古人有“慎终追远”的习俗，祭祖非常重要，古镇周边的山上开垦了许多梯田，古镇居民有把自家先人葬在田边的习俗，祭祀开始的时候，满山星光点点，如梦似幻，煞是好看。祭祀活动之后，就是重要的团圆饭。全家人一起吃过团圆饭，就开始“守岁”，一边包饺子，一边等待新年的到来，在新旧年交接之际，放鞭炮，迎财神，除旧迎新，热闹非凡。凤凰古镇的人们，在正月初三之前，都算新年，是不干活的，拜年、聚会、走亲访友是主要的活动内容。到了初五，称为“破五”，意味着一年劳作的开始，首先要做的事，就是打扫卫生，里里外外

打扫干净，人们就要开始工作了。

2）元宵节。正月十五是新年庆祝活动的高潮，凤凰古镇在这一天会举行玩花灯、耍社火、唱大戏、吃元宵等习俗。这些习俗中有的是当地原有的，还有一些则是随着移民一起传入古镇的。

根据柞水县志记载，玩龙灯、耍狮子、跑竹马、撑旱船、踩高跷和赛花灯都是在元初传入境内，历久不衰，大致从正月初十至二十日左右，每晚玩至天明。

舞龙灯：这个习俗来自荆楚之地。一般是用竹篾扎成龙头、龙身和龙尾。龙身多为 12 节，也有 24 节。均用绵纸裱糊，内有插蜡设备。龙灯会一般从正月十二开始，一直持续到正月十七。玩时点亮蜡烛，一人手执红珠为前导，龙头悠悠然向红珠浮动，名为“戏珠”。龙身与龙尾均随龙头所向舞动。执红珠者多为有经验的“把式”，要引导出各种花样，同时伴以龙灯鼓点。玩龙灯是为了庆贺太平盛世，祈祷吉祥如意（见图 1.19）。

图 1.19 舞龙灯

耍狮子：民间多用较结实的竹篾扎成狮头，裱糊、点画，用苎麻或构皮结成狮皮。玩时一人执狮头，另一人身披狮皮，两人随狮子鼓点协同作舞蹈动作，并由一人手执绣球为前导。技艺高超的狮子可攀登 3~5 层高的大桌，站在最高处向观众频频点头，以示勇敢。演出时主人和观众多向狮子放焰火，以示答谢和点缀气氛。各种舞蹈、技艺表演完毕，来到户主或机关门前，狮子翩翩起舞，一人喝彩，多为祝贺词语，名曰：狮子拜年。此时户主或机关单位馈赠以糖果、烟酒或其他礼品以表酬谢。

跑竹马：用竹篾扎成小马形，用绵纸裱糊，套在扮演者腰部，最少 12 个，多则 24 个。玩时，扮演者化妆为骑手模样，或按某一戏剧人物着装，右手执马鞭，左手端灯笼，随竹马鼓点起舞，并随头马走各种花样或配以小调、山歌、歌曲。

撑旱船：用竹蔑扎成小船，再用彩绸、花纸和各种彩色纸花裱糊、美化。玩时由一美貌少女扮作船姑娘，两手提起船帮，以轻盈步伐作小船在水面漂游状。另一人扮作船夫，手执竹篙或舢板，在船前或左右作撑船状，随旱船鼓点起舞，并演唱自编的船家小调，旁边还有 3~5 人伴唱。

踩高跷：俗称高腿子。用柳木棒做成高 1~1. 25 m 的木腿，扮演者捆扎在两腿上。多化装为古典戏剧人物，在街道和场院随高跷鼓点表演各种花样。技术高超者还能表演跌双叉、翻筋斗或两人走三条腿等。

赛花灯：用竹篾扎成各种各样的灯，用彩纸裱糊，点画，吊以花絮，挂在顶有竹叶的竹竿上，点亮蜡烛，列于要场周围，供人观赏。24 盏为全架，12 盏为半架。古镇流传的有荷花灯、狮子灯、鸳鸯灯、悟空灯、白菜灯、鲤鱼灯、胖娃灯、秀姑灯、牛娃灯、狗娃灯、各种鸟灯。技艺高超者还做各种各样配有诗画的转灯。古镇的灯会有着悠久的历史。出灯一般都是正月十三晚，收灯则是在正月十六晚，出灯之前，必须要在神庙前进行点光，在收灯的过程中，同样要敬拜神庙，以此来祈求神灵佑护当地一方平安、五谷丰登与风调雨顺。

3）二月二龙抬头。这个节日的来历还有一段故事，相传龙王患了喉疾，药王孙思邈为其以银针穿刺，龙王抬起头来，张开大口，药王一针刺去，治好了龙王的病。这一天是二月初二，人们为了纪念这一天，就将其变成了龙的节日，被称为“二月二龙抬头”。在二月二这天，古镇居民要祭龙神。还有很多忌讳，如妇女不动针线，以免误伤龙神等。这一天还要舞龙灯、耍社火，是整个新年庆祝活动的尾声。

4）端午节。端午节，是为了纪念爱国诗人屈原，这是楚地的重要习俗。凤凰古镇，由于受到楚文化的影响，所以非常重视端午节。在节日前几天，大街小巷上就开始售卖各色与端午节相关的物品，包括各色香包、雄黄，包粽子用的苇阔叶、马兰草，以及做粽子馅儿用的糯米、大枣、红豆等材料。居民们在初四下午就包好了粽子，煮上一整夜，初五早上吃或是馈赠亲友。除了吃粽子，这里还有“拔百草”的习俗，据说带有露水的草药效非常好，所以初五一大早，人们就起来去采摘水菖蒲、艾蒿、车前草等中草药。将艾草和菖蒲插在门框上，可以避邪，还要给孩子们佩戴装有中草药的香包，以及五色丝线编成的彩带。(见图 1. 20)

图 1.20　端午节

5）七月初七乞巧节。七月初七，传为天上的牛郎织女在银河相会之日，人们在庆贺牛郎织女喜相逢的同时，也趁机向织女星祈求灵巧，少女少妇是这个活动的主角。

七月初七晚上，妇女们事先置好花纸鞋，蒸花馍，形如尺子、剪刀、梳子、算盘、花篮等，在院子中间摆上供着织女的神像的方桌，用面食献供，并摆好糊好的纸鞋，焚香点蜡，桌子周围放上蒸好的花馍，还要放几碗水和一些绣花针，这便是敬神的过程了（见图 1.21）。

图 1.21　花馍

6）中秋节。八月十五中秋节，也是中国重要的传统节日。中秋节是一家人团圆的日子，古镇居民在晚上月亮刚刚升起的时候，院子中心对着月亮摆开香案，红烛高烧，香烟燎绕，并供奉各色月饼和水果、干果等，比如石榴、花生、葡萄、板栗、核桃、柿子。古镇居民的中秋节还是未婚女婿追节和新婚夫妇走娘家的日子。这天，未婚男子必须早早携带月饼果酒去岳父母家中拜见长辈。邻居之间更有备置酒席宴会，互相约请喝酒，畅谈丰收的喜悦（见图1.22）。

图1.22　中秋祭月

7）五豆与腊八。古镇居民在腊月初五这天要过“五豆”，就是在腊月初五这一天早饭要用五种以上的豆子煮成米粥吃，以避瘟疫的习俗。

腊月初八的习俗就是吃腊八粥（见图1.23）。

图1.23　五豆与腊八粥

8）祭灶神。腊月二十三是祭灶神的日子。古镇祭灶神要用整只鸡，祭灶神还有一种专门用来供奉的糖（用玉米或红薯熬制），意思是甜灶神的嘴，顺便也粘上灶神的嘴，让他上了天不说对主人家不好的话，“上天言好事，下地降吉祥”（见图 1.24）。

图 1.24　祭灶神

（2）生活习俗。

1）婚姻。古镇在古时候都是依父母之命、媒妇之言，缔结婚姻。订婚一般都要算八字、“合相”，然后确定日期送彩礼，方算正式定亲。结婚时先由媒人和男女双方父母选定日期，由男方备办“四水礼”（即四样礼品）及女方婚嫁服装送到女方，俗称“报日”。结婚时一般都由男方备花轿或乐班到女方迎娶。新娘迎回之后，拜天地、拜娘亲、入洞房。

2）生育。古镇的习俗中，自古就有生育头胎婴儿（不论男女）要过十天、满月、周岁，特别是生男孩要大肆张罗。生孩子的第三天，先向孩子的外公、外婆、舅舅、舅妈报喜。外公、外婆及娘舅家即备办婴儿衣、鞋、帽等品，于第十日送到，婴儿家以酒席招待，此谓过十天。满月是在生下婴儿一月之后，招待送礼的亲朋。过岁是在婴儿满一周岁之日，亲戚、朋友、邻居前来祝贺，婴儿家仍然备办酒席招待。过岁之日，在客人入席之前，取出图书、算盘、毛笔、钱币等物，让小孩抓取，先抓什么即预示小孩长大成人后要干什么，此谓“抓岁”。

产妇俗称“红人”，在未满月之前不许进入他人住宅，若贸然进入，宅主有权要求产妇买一尺红布挂在门首，俗称“搭红”或“挂红”。

3）寿诞。小孩过生日吃煮鸡蛋，成年人过生日吃面条。老年人（指儿女已结婚的人）过生日，女婿、女儿、亲戚都要备办礼物祝寿；儿子、儿媳备办酒席，老人坐上席，同龄人陪伴，其他客人以班辈排座。各敬老人三杯（或一杯）酒，才开席。

4）丧葬。古时候富户人家要准备柏木棺材，给死者穿五大件（内衣、外衣、锦衣、棉衣、长袍），铺毡、盖被。入殓后在家里停放7天，请道士、乐人做斋，唱孝歌、行礼，亲友邻居送挽联、挽幛，安葬后大摆宴席。坟地要阴阳先生看过，选择风水好的地方。

5）建房。经阴阳先生看房基，选择风水好的地方，以图人财两旺。动土开始砌屋基，请亲友邻居帮忙以酒席款待。墙砌到门顶过板时，主人要给打墙人封红包，俗称“过桥”。屋顶架好梁、檩、椽之后，给木匠封红包，贴对联、鸣鞭炮，俗称“架梁”。上瓦时，动用全村人及亲友帮忙，主人以酒席款待，俗称“上瓦”。房屋建成，搬迁前，择吉日，在晚上摆香案，焚纸钱，名曰“谢土神”。乡间有人盖房，至亲好友、邻居，除参加劳动外，盛行送钱、粮、豆腐，数目不等，颇有互助之意。自古至今，盛行不衰。

四、民间饮食

1. 日常饮食

古镇居民的主食是小麦、洋芋和玉米。小麦大都磨成面粉，做成面条或蒸、烙成馍。蒸的称蒸馍，烙的称烙馍。也有一些用麦面摊煎饼或蒸为面皮的。此外还有把黄豆做成豆腐、荞麦做成饸烙或包成包子，用以改善生活。古镇附近多山，并有高山、中山、低山之分，长期的习惯是产什么吃什么。高山、中山多食玉米、洋芋、杂粮，低山多食小麦、玉米。古代和民国期间古镇河岸地种植稻谷，食大米为多。冬季多吃腌菜、泡菜，吃肉次数较多，但大多是自己腌制的腊肉。社川河沿岸人民有吃鱼习惯，但自养鱼较少，多在河中捕捞。

2. 酒席——八大件、十大碗、十三花、三滴水

古镇的酒席有多种规格，带有楚、湖风味，流行的有“八大件”“十大碗”“十三花”“三滴水”等席菜。

八大件，开席前一次摆出衬碟四荤四素，中间有各种调料汁四碟，开席后均搅入顶盘，四个汁碟撤回。随后由四个大碗（带汤）和四个盘子（煎炒）相继端出，必须要有鸡、鱼、肚片、腰花和肘子之类压轴菜，每上一道菜即撤走一个菜碗或盘子，最后以糯米甜肘子结束上菜。主食是米饭。（见图1.25）

图 1.25　八大件

十大碗，是在八大件的基础上再增加两道主菜，一般是增添鱿鱼海参之类名贵菜肴。正菜之前仍是八个凉盘或十个凉盘。

古镇的酒席带有楚、湖风味，流行“三滴水”“八大碗”“十三花”等席菜，尤以“十三花”最受欢迎，至今盛行不衰。“十三花”是以四荤、四素、四干果和一个大盘，配成十三个凉菜。大拼盘由变蛋、香肠、猪肝配成，正中插一葱叶或菠菜，摆在席桌中央，其余四荤、四素、四干果摆在外围，远远看去，其形如十三朵色彩各异的花朵，故名“十三花”。

客人就座后，举杯共饮，接着依次交叉上四大碗（全鸡、肘子、肚丝汤、肘卷）、四大盘（糟肉、凉拌、小炒、八宝饭）、二道池子（鸡蛋醪糟、鱿鱼汤）、二道衬子（牛肉、糕点）。“十三花”席菜，要求形、色、味、香面面俱到，缺一不可。以四大碗中的“全鸡”为例，杀鸡时颈部刀口要小，一刀切断动脉血管，不返二次；掏挖内脏切口要小，以免影响全鸡形象；脱毛，水温要适度，不能用沸水，以免烫伤鸡皮；内脏要清除干净，毛拔净；下锅用文火煎煮，煮熟后再用油炸，炸后再上蒸笼。如此制作的全鸡，芳香、酥嫩、鲜美可口（见图 1.26）。

图 1.26　十三花酒席

另外，酒席上必用酒，这里古时候多饮用自酿的玉米酒，中华人民共和国成立后，在三年困难时期，曾饮用自酿的洋姜、柿子酒。1980 年以后，人民生活水平提高，农户举办的酒席大都用瓶装酒。开席之后，客人互相行令猜拳，除此之外，还有“砸杠子”“大压小”“猜有无”以及其他名目繁多的自创形式。主人（结婚时为新娘新郎）在酒席上必须向客人一一敬酒，以示道谢。

3. 洋芋糍粑

洋芋糍粑的制作方法是：把刮了皮蒸熟的洋芋，放在平板石上或专做的糍粑窝内（也可放在案板上），用木锤捣成粉末状，再用暗力研磨。研磨成糊状时，用力捶打，直至团状即可（见图 1.27）。

图 1.27　捣糍粑

洋芋糍粑在吃的时候可以撒上白糖或蜂蜜，清甜可口；也可以浇上酸菜水或醋水，还可以油炸以后食用。

其他还有荞面饸烙、燕麦炒面、糖炒栗子、栗子鸡等各种美食。

4. 豆腐干

豆腐，历史悠久。中国的豆腐菜就象中国的茶叶、瓷器、丝绸一样享誉世界。

古镇老街上还保留着手工制作豆腐的作坊，其基本的制作工艺是：把黄豆浸在水里，泡胀变软后，在石磨盘里磨成豆浆，再滤去豆渣，煮开点卤。点卤用盐卤或石膏，盐卤主要含氯化镁，石膏是硫酸钙，它们能使分散的蛋白质团粒很快地聚集到一块儿，成了白花花的豆腐脑，再放入方形的木制容器内，上面压上木板，放上块石，压制一个晚上，挤出豆腐脑中的水分，豆腐脑就变成了豆腐。

古镇有最好的山泉水，因此做出的豆腐和豆腐干都味道极佳。尤其是豆腐干，质软色美，油润光泽，咸香爽口，硬中带韧，久放不坏。豆腐干在制作过程中配料讲究，会添加食盐、茴香、花椒、大料、干姜等调料，有五香、麻辣等多种口味，成品后既香又鲜，久吃不厌，有“素火腿”的美誉。无论煎炸烹炒，味道俱佳。(见图 1.28)

图 1.28 豆腐干

5. 腊肉

走在古镇的街头会看到很多家卖腊肉的店铺。这里的居民喜欢做腊肉，也喜欢吃腊肉。

腊肉，又叫熏肉，古镇加工制作腊肉的传统习惯不仅久远，而且普遍。每逢冬腊月，即“小雪”至“立春”前，家家户户杀猪宰羊，除留够过年用的鲜肉外，其余的都用食盐，配以一定比例的花椒、大茴、八角、桂皮、丁香、等香料，腌入缸中，7~15 天后，用棕叶绳索串挂起来，滴干水，进行加工制作。选用柏树枝、甘蔗皮、椿树皮、功柴草火慢慢熏烤，然后挂起来用烟火慢慢熏干而成。或挂于烧柴火的灶头顶上，或吊于烧柴草做饭或取暖柴火顶，是熏制腊肉的有利条件，即使城里人，虽不杀猪宰羊，但每到冬腊月，也要在那市场上挑几块腊肉，品品腊味。如自家不烧柴火，便委托亲友熏上几块。熏好的腊肉，表里一致，煮熟切成片，透明发亮，色泽鲜艳，黄里透红，吃起平味道醇香，肥不腻口，瘦不塞牙，不仅风味独特，营养丰富，而且具有开胃、去寒、消食等功能。

腊肉从鲜肉加工、制作到存放，肉质不变，长期保持香味，还有久放不坏的特点。此肉由于是用柏枝熏制而成，所以夏季蚊蝇不爬，经三伏也不变质，成为别具一格的地方风味食品（见图 1. 29）。

图 1. 29　腊肉

6. 豆豉和腌菜

豆豉的原料是黄豆，首先将黄豆放在锅里煎煮，水量以黄豆煮好水干为宜，火先大后小，最后用文火慢慢喂着，到黄豆用手一捏就软的时候为止；接着，在笼或漏锅里铺一层黄篙（铺黄篙的豆酱更香），将黄豆铺在黄篙上面，也可以在上面再铺一层黄篙，加盖捂 7 天，直到黄豆变成黄褐色，用筷子夹起来后会拉出细细的丝即可；然后盛放在竹箩中，加入食盐、花椒、辣椒、肉桂、桂圆、草果等调味料，拌匀，摊开后放在阳光下晒干水分，豆豉就做成了（见图 1. 30）。

图 1. 30　豆豉

过去没有冰箱的时候，人们为了能够在冬季也能吃到蔬菜，就将菜腌制起来，腌菜的种类很多，萝卜、香椿、菌类、豆角，还有山里的各种野菜，都是极佳的原材料（见图 1. 31）。

图 1.31 腌菜

7. 麻花

麻花的种类很多，像天津的大麻花就名满天下（见图 1.32）。古镇的麻花，没有那么大，制作方法也简单得多。制作一斤面的麻花需盐一两，碱面一钱，酵母一两半，加水半斤和面。夏天的面要和得硬点，冬天则和得软点。面和好后停放数分钟，醒一醒，然后切成小条，在小条的表面涂上一层生油，然后扭成绳状，放入油锅，用筷子夹住麻花，让它在油锅里不断翻滚。火势要均匀，切忌时大时小。麻花炸好出锅后，用竹笼盛装放于阴凉通风处，可保持鲜香酥脆，半月不疲。古镇的麻花之所以鲜香酥脆，跟这里的水有很大关系。这里的水质属中等稍偏硬，近似天然矿泉水，最适于香酥麻花的加工（见图 1.33）。

图 1.32 天津大麻花

图 1.33 炸麻花

8. 饮茶

古镇居民喜欢饮茶，工作之余，闲聊之时，用茶杯或茶壶泡茶。茶叶种类很多，有湖茶、紫阳茶或自采的金银花，山楂叶或竹叶，既解渴又具有清凉、助消化、去油腻的作用。

古镇除了保留下来的古建筑之外，这里的人文风俗作为非物质的文化遗产，其文化价值也相当深厚。名产、名吃、名士、名宅、名人等都让古镇名声在外，精神价值也因此形成。这里山清水秀，“山里人家”特有的民风民俗，在工业化发展迅猛之际，这里成了城市居民的一种精神向往，成了他们追根寻源的人文地域之一。

第二章　古镇形态

第一节　古镇布局

一、山水格局

凤凰古镇地处秦岭腹地，周围山环水绕，自然环境优美，自然山水与人工建设相结合，构成巧妙的山水格局。古镇的发展受到山形水势的影响，不强调平面形态的规整，而是巧妙地与周围的自然景观融合在一起，一方面丰富了古镇的景观系统，另一方面也增添了浓郁的田园情趣。古镇内的道路网按照古镇结构发展，形成类似鱼刺状的骨架，主次分明，脉络清晰（见图 2.1）。

图 2.1　凤凰古镇鸟瞰图

1. 选址

（1）哲学思想的影响。中国古代城市的选址主要受到几方面思想的影响，首先是儒家思想，它的影响在都城的选址中表现得尤为突出，讲究中轴对称、居中位尊等。而地方城镇的选址则更多地受到道家思想和风水学说的影响。道家思想讲究“天人合一”，要顺应自然，与自然环境和谐共生，管仲在《管子·乘马篇》中也说：“凡立国都，非于大山之下，必于广川之上。高毋近阜而水用足，低毋近水而沟防省。”他在《管子·度地篇》中又谈道：“圣人之处国者，必于不倾之地，而择地形之肥饶者；乡山左右，经水若泽。”从中可以看出，城市应依山傍水而建，既利于防御，又有水运之便。这与古代地方城镇对自然环境的要求无疑十分契合。

（2）风水学说的影响。风水学说起源于中国古代的哲学思想,，它对古代城镇乡村选址的影响非常大。风水也称为堪舆。“堪舆”一词，最早出自汉淮南王刘安主持门客编著的《淮南子·天文训》，其云：“堪舆徐行，雄以音知雌。”

晋朝郭璞所写《葬书》中说：“气乘风则散，界水则止，古人使聚之不散，行之有止，故谓之‘风水’”。清代人范宜宾为《葬书》作注时说：“无水则风到而气散，有水则气止而风无，故风水二字为地学之最，而其中以得水之地为上等，以藏风之地为次等。”在历史上，地理、阴阳、卜宅、相宅、图宅、形法、青囊、青鸟、堪舆等均泛指风水。

风水学说实际上关注的是人与自然的关系问题。在风水理论中，基本的地基选址标准是背山面水与负阴抱阳，同时还要考虑景观、朝向、风向、日照、水文、地形地貌、地质等自然地理环境因素来选址，由此最终给出基址的优劣评价及相关设计规划的应对策略，实现古人心中避凶纳福的目标，构建适宜持续居住的自然环境。

在风水学说中，关于村镇选址一般需要考虑龙、穴、砂、水、向五大要素，即所谓的“地理五诀”。

1）龙。“龙者何？山脉也。山脉何以龙为？盖因龙妖娇活泼……而山脉亦然……”（《周易阴阳宅》）。龙是指蜿蜒而至的山峦，通常为气脉流贯的山体。到了平原，没有山体的地方，也是有“龙”的。此时的“龙”已经转入地下，是指地下的岩土层，从地质构造来看，水往低处流，岩层的走向也一样。“气”依附于“龙”，走向和“龙脉”一致。“龙”也分吉凶，吉龙为光肥圆润、雄伟秀丽的山脉，这样的龙称为“真龙”，能够迎气生气。凶龙为崩石破碎，树木不生的山脉，这样的龙称为“老龙”“死龙”，迎接到的气也是不好的凶气。

我们通常都说“青山绿水”，“青”就是指山的绿化状况。树木能够起到水土保持的作用，如果山上没有树木，就会造成水土流失，山体易出现冲沟、滑坡、崩塌等不利于建设的现象，造成严重的经济损失，甚至威胁到人的生命安全。

风水学认为，“龙”不能断，“龙”断则“气”断。以现代科学的角度来看，“龙”断处其实就是指地震断裂带、地裂缝等不良的地质状况，是不宜建造房屋，也不适宜人们聚居。

2）穴与明堂。“穴”是“气”随着“龙”而来所聚集的点，“明堂”才是我们所选择适合我们居住、生活、工作的地点。《周易·阴阳宅》中说：“古之地理家，以穴前之地名之曰‘明堂’”。它是指“穴”前靠山近水的平坦之处。而“穴”则往往成为城市中比较重要的地点，利于“气”的集聚。“穴”与“明堂”的关系是“点”与“面”的关系。“穴”起到了一个“控制点”的作用，是明堂的前提。

中国古代有句俗语：“靠山吃山，靠水吃水。”说明山与水能够提供给人类必要的生活、生产资料。近水，则有了生命的保障；近山，则提供给人类各种食物。不能离山太远或离水太远。

3）砂。《周易·阴阳宅》中说：“砂者，穴之前后、左右山也。”所以，“砂”是构成穴场环境的重要因素之一。风水学中以中华传统文化中代表四方的四神兽来命名穴场周围的砂山：前（南）朱雀，后（北）玄武，左（东）青龙，右（西）白虎，并配以五行学说对砂山所构成的环境做出逻辑的分析判断（见图 2.2）。从图中我们可以看出，一个典型的风水模式除了有靠山（镇山）之外，左右两侧还应该有起护卫作用的山，使整个穴场成兜抱状，来挡住“风”对气场的破坏，达到更好的聚气作用，让人们在心理上感到安全，同时也能提供人们生存所需的物质资料。

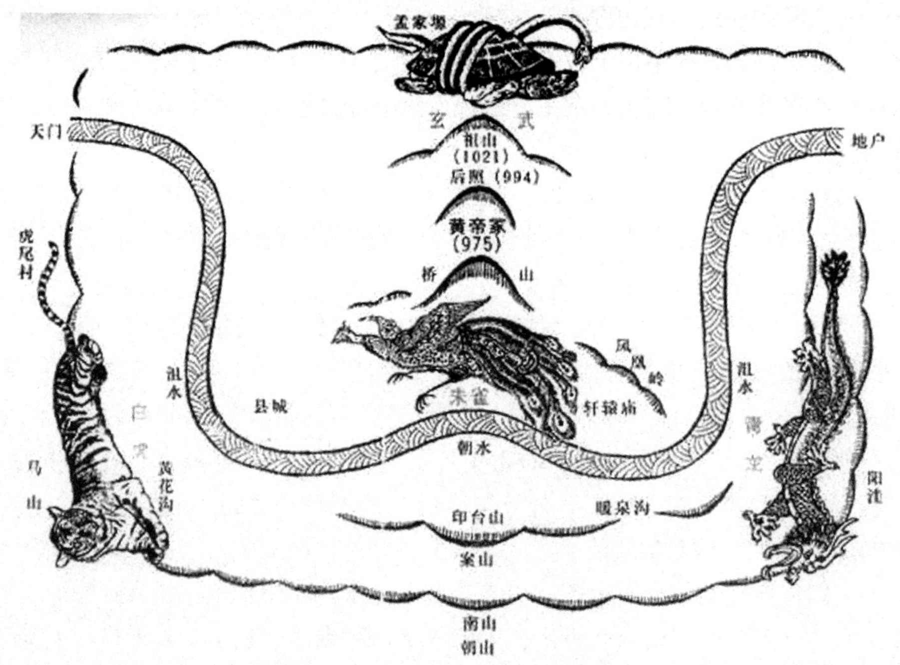

图 2.2 黄帝陵风水砂山意向图

4）水。《周易·阴阳宅》中说：“水者，龙之血脉。穴外之气，龙非水送，无以明其来；穴非水界，无以明其止。”风水学认为，气也是随着水而走的，有水必有气。在现实生活中，人对水的依赖也超出于对山的依赖。“气”是贯通于水的，水的流动带动“气”的流动，水的走向就是“气”的走向。

不同的水所聚到的“气”也各不相同，这个主要是由水质决定的。水质清明，味觉甘甜为吉；水质浊暗，味觉苦涩为凶。水质的不同，水中各种微量元素的含量就会不同，水质良好的地区，当地居民的身体健康状况普遍比其他地方的好，而有的地区人们患有地方病也与水质有关。

另外，在古代，水还是重要的交通方式，凡是具有良好的水利交通条件的地方，经济都比较发达，风水学家是将道路交通也看作水来对待的。民间流传着“山管人丁水管财”的说法，山好的地方能够给人们提供必要的生存资料，水好的地方就意味着交通便利，那自然经济就比较发达。

水对人们既有有利的一面，也有不利的一面。这个主要是考虑洪水的侵袭，因此，在选址时尽量选择河道的凸岸，而不选择河道的凹岸。

5）向。向指的是朝向。在风水家们利用罗经（罗盘）进行选址，或是对某建筑进行定向分金时，就是以其手中的罗盘建立起一个相对的坐标系，从而对穴场进行一些逻辑性的、适用性的分析和评价。看周围的环境是否能够满足

“聚气”的要求，即整个穴场是否能够满足人类生存的各种需要。

以某一栋建筑单体来说，日照和通风是必须满足的，满足了则为“吉”，反之则为“凶”。朝向的吉凶选择是从人的根本生存需要来说的，其本质就是对天文、地磁的选择，所以不同的地区有不同的风水模式，不能一成不变。在我国，最好的朝向不是正南北向，而是受地球磁场的影响略有偏差：南方地区炎热，日照条件很容易满足，由于潮湿，通风在朝向的考虑上占主要地位，同时要避免过分的日照，故以南偏东15°为吉；而北方地区寒冷，日照在朝向的考虑上占主要地位，所以尽量要争取“热轴”的方向，即南偏西15°为吉。

《阳宅十书》将“地理五诀”用“歌诀”的形式做了通俗易懂地表述，书中说：“阳宅来龙原无异，居处须用宽平势。明堂须当容万马……或从山居或平原，前后有水环抱贵，左右有路亦如然……。更须水口收拾紧，不宜太迫成小器。星辰近案明堂宽，案近明堂非窄势。”这里对来龙、明堂、流水、案砂等均提出了具体要求。这是一种从大环境、大形势而言的风水模式：即要求北面有蜿蜒而来的群山峻岭，南面有远近呼应的低矮小山，左右两侧有护山环抱，重重护卫。中间部分堂局分明，地势宽敞，而且有屈曲流水环抱。整个风水区构成一个后有靠山，左右有屏障护卫，前方相对开敞的相对封闭的村落环境（见图2.3）。

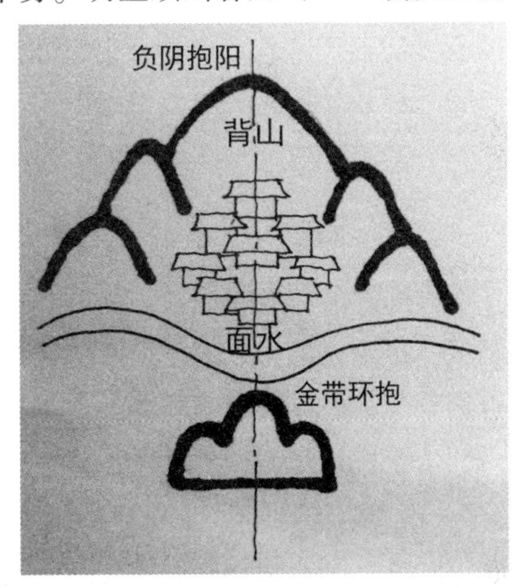

图2.3 理想的风水格局

凤凰古镇的选址当然很难和最佳的理想模式完全吻合，但也在很大程度上符合理想模式：整个古镇南面和西面有凤凰山，北面有金斗山，除了南面的山势较为平缓，其余三面的山势高大陡峻，北面的社川河自西向东流淌过这片相对平坦肥沃的土地，并与皂河、水滴沟河在这里交汇，溪流潺潺，青山绿水互相映衬，绿野田园延至山边。对凤凰古镇而言，就形成了一个三面环山，一面环水，半合围的环绕态势，形成了风水学说中“面屏、环水、枕山”这样一种理想的综合格局（见图2.4）。

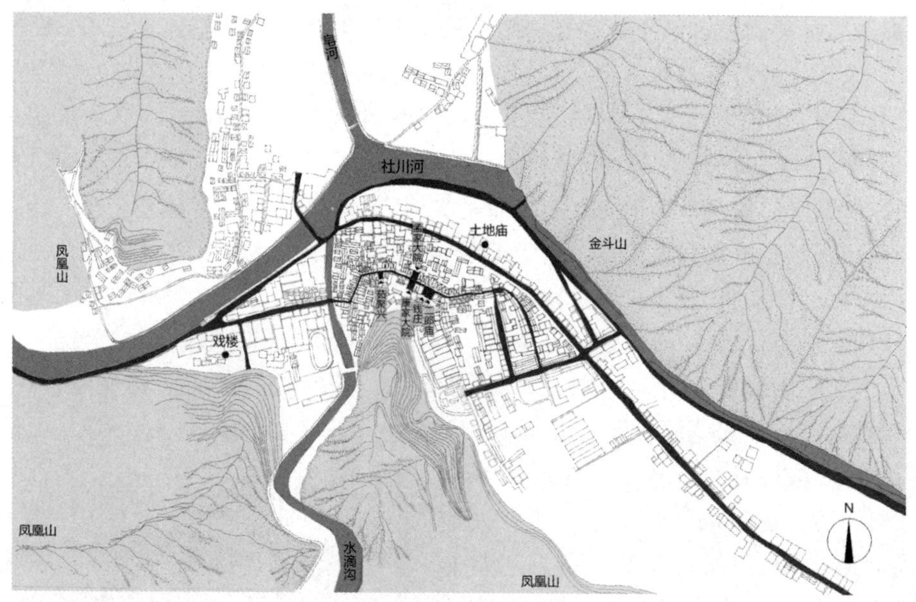

图 2.4　凤凰古镇山水格局

以传统的风水观而言，此处是山水汇聚，藏风得水之地，围合的平原土地肥沃，水源充足，是安居乐业的极佳场所，凤凰古镇选址于此，也正是因为这里拥有山水俱佳的自然环境。

从现代科学的视角分析，这样的选址也是科学的。因为凤凰镇地处群山环抱中的谷地，北面高大的山势可以阻挡冬季寒风的侵袭，使凤凰镇在冬季可以保持温暖；南部和缓的山势在夏季为镇内引入随南方季风而来的湿润空气，湿润空气会由于镇北侧山势的阻挡形成降水——地形雨，这样就增加了凤凰镇的降雨量。相对温暖湿润的气候为人们的居住和生活提供了更为舒适的条件，具备传统农业社会生产生活所需要的自然环境。

(3) 选址特点。

1) 土地肥沃，物产丰富，是农耕文明的理想温床。凤凰古镇北临社川河中游，南依凤凰山，地处社川河、皂河、水滴沟河交汇形成的三角洲平原处，河水带来的泥沙形成的三角洲，土质肥沃，利于作物生长，靠近水源，便于灌溉。周围群山环绕，山上物产丰富，有各种中药材、菌类、坚果等。这种山林、河流、耕地相邻的自然环境，实现了自给自足的生产目标，风调雨顺，水源丰富，生活方便等满足了人们的物质、精神文化以及群居等多种要求，也是对中国传统聚落选址中风水理念的一种最佳的诠释。

2) 交通便利，四通八达，促进经济快速发展。历史上的凤凰古镇，无论是水陆运输或是陆路运输都十分方便，北上陆路可到达关中地区，南下水路可

到达江汉平原，成为南北物资的中转站，商贸繁荣，有“小上海”之称。后因汽车、火车等其他交通工具的迅速发展，传统的水运交通日渐衰落。但目前从西安到柞水已经修通包茂高速，正在修建的山柞高速通车后，到达古镇就会有更便捷的方式（见图2.5）。

图2.5 交通便利

3）依山傍水，景色秀丽，气候宜人，空气质量优良。凤凰古镇地处秦岭腹地，自然环境优美，这里山林茂密，空气中负氧离子含量极高，是天然的氧吧。夏季温度适宜，是避暑胜地，据当地居民反映，常有西安的老年人每逢炎热的夏季就来到这里长住，躲避酷暑（见图2.6）。

图2.6 环境优美

2. 空间发展脉络

（1）老镇区的形成。凤凰古镇初建于盛唐，兴盛于明清。自唐代开始，经历五代、宋、辽、金、元、明、清、民国近十个朝代，至今已有1400年历史。结合凤凰镇的历史形成与演变过程，我们可以发现古镇空间形态的生长轨迹经历了“点状聚集—线状连接—骨架状生长—块状填充”四个阶段。

1）点状聚集——居民点的初步形成。任何一个复杂的村镇平面，通常都会有一个最初的生长聚点，有的情况下也会由几个聚点发展而来。在唐武德八年（公元625年），吴楚等地53户首批移民接受朝廷均田，来到当时还称为“三岔河口”的凤凰古镇定居，垦殖开荒，古镇中街居民聚集点逐渐形成，周边零碎的点状建筑围绕中街布局。当时的移民主要以农作为生。

2）线状连接——线状街市的雏形。经历了明末清初的农民起义，凤凰古镇遭到了重创，居民伤亡严重，房屋也大多毁于战火。从康熙年间到乾隆三十年（1658—1765）这一百余年中，曾三次推行迁海法令，政府驱赶濒海居民、由于江淮洪涝产生的灾民、以及荆襄流民，到当时称为“上孟里”的凤凰古镇落户，插草为标圈地，垦荒复种，建房扩市，那时自称“下湖人”的居民达到 147 户。此时的古镇的格局已从零星的点状布置发展成为以古街为轴向的线状连接布置。

3）骨架状生长——街市呈网状四面发展。乾隆三十一年（公元 1766 年），明代开国功臣金陵籍康茂才的后裔康永盛，和家人一起跋山涉水，经陕西白河县，定居凤凰嘴。在嘉庆十三年（公元 1808 年），康永盛在这里广建商铺门面，招揽四方手艺人与商客，把水路航运（金钱河）及陆路骡马道等悉数疏通，物流、人流、商流同时开通，兴建了一百多间街房，该处商业就此盛极一时，可同黄浦江一比，有“小上海”之称。此时随着商业贸易的不断发展，凤凰镇成为南北物资的集散和运输的地点，在此活动的人群逐渐增多，不断有人在此定居，凤凰镇开始以线状向四周扩展，逐渐如同骨架般向不同方向生长发展。

4）块状填充——现代镇域雏形。民国十七年至二十年（公元 1928—1931 年），陕西大旱三年，秦川赤地千里，饱受饥荒的人们纷纷进山乞食，逃荒的灾民部分也在此定居。明清两代，从山西省洪桐县迁来了大批的移民，在那时称为“北人”，凤凰镇人口此时期迅速的膨胀，街道的数量开始增加，在这些相互连接的街道中间遍布着民居，凤凰镇也成为南人与北人的杂居地，长江文化与黄河文化在此得到了交融，风俗民情丰富多彩。巷道街市随之延伸拓展，今日古镇的格局就是在当时形成的。

（2）新镇区的发展。新镇区于 20 世纪 80 年代开始修建，依附着古镇区周围相继修建了新街，新镇区依附水滴沟河向西发展起來，形成老镇区与新镇区并置的空间格局。新镇区的形成有效疏散了老镇区的人口，调整和改善了用地状况。同时，新镇区围绕在老镇区周围发展，没有破坏古镇原有的结构，这种发展方式对于保护古镇的历史文化遗存和延续传统风貌是有利的。

3. 布局特点

从古镇的发展历程中可以看出，古镇的布局有以下特点：

（1）顺应自然地形，沿带状分布。凤凰古镇的布局，充分体现了古人“因天才、就地利，城郭不必中规矩，道路不必中准绳”的思想，在审查周边地理形势的基础上，合理利用自然环境，因地制宜地安排城镇布局。大体上看，古镇的整体走向随着自然山势和水系呈带状布局，主街更是与山势完全契合，巷道多与主街垂直，呈放射状布局。古镇主街两侧，是重要的商业活动区，建筑均采用前为商铺后为住宅的形式（见图 2. 7）。

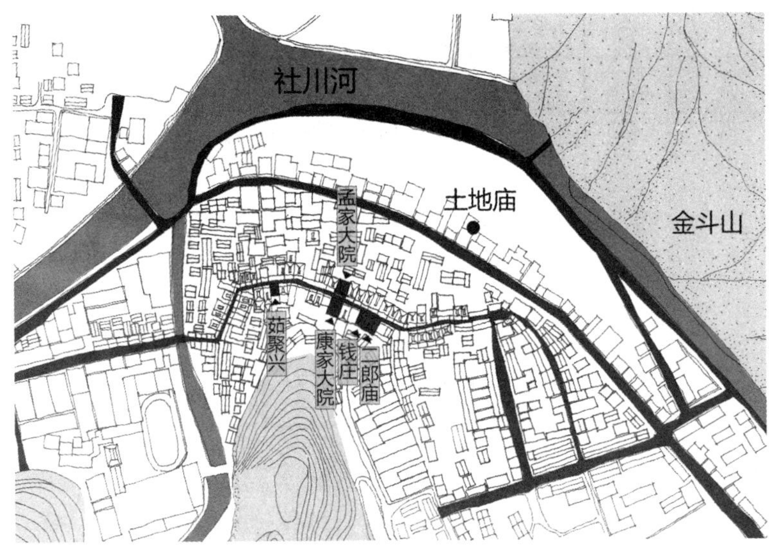

图 2.7　老街平面图

（2）“S”形街道形成多变的街道空间，与周围自然环境融为一体。凤凰古镇的主街为“S”形曲线状，形成了多变的街道空间，并通过街道视线走廊将周围的山景巧妙引入，使自然景观与人文景观巧妙地融为一体（见图 2.8）。

（3）古镇主街是居民活动的主要场所。石板老街是古镇社会经济活动的主要场所，也是居民日常生活的主要休闲空间，白天老街上熙熙攘攘，人头攒动，商业活动频繁，到了傍晚商业活动基本结束，居民们就开始坐在自家门口，或走到邻家串门，保持着最亲密的邻里关系。

图 2.8　远处的大山成为老街的对景

二、空间形态

1. 古镇空间形态要素

古镇的空间格局由多种要素构成，可以分为自然要素与人工要素，自然要素主要指的是古镇中的山川、水系、气候、土地等，而人工要素主要是指古镇中大量的人工建造物，街道以及街道节点、民居、神邸空间、环境小品与设施等（见图 2.9）。

凤凰古镇传统特色构成要素										
自然环境				人文环境				人工环境		
山川	江河	气候	特产	传统节庆	民间工艺	生活习俗	民间文化	遗构	民居	古井
大梁山	社川河	气温较暖	腊肉	新年	缫丝	围炉守岁	花灯	二郎庙	康家大院	甜水井
凤凰山	皂河	雨量充沛	豆腐	元宵节	织造	哭嫁	耍社火	山神庙	孟家大院	
	水滴沟	年均温 12.4℃	豆豉	二月二龙抬头	打铁	哭丧	唱大戏	龙王庙	钱庄	
			麻花	三月三与清明节	造纸	民间信仰	舞龙灯	百神庙	长盛祥	
			包谷酒	端午节	雕刻	送汤	踩高跷		茹聚兴	
				六月六		洗三朝	送寒衣			
				七月七与中元节		包梁	汉调二黄			
				中秋节祭月		三点水	柞水鱼鼓			
				重阳节		十大碗				
				五豆与腊八						
				祭灶（腊月二十三）						

图 2.9　古镇构成要素

从点、线、面的空间形态关系上分析，有下面一些特点：

(1) 点状空间。古镇的建筑大多呈院落布局，有一个或者两个天井，其空间形态上具有良好的虚实相生关系。天井既能满足采光通风的要求，又形成了封闭、围合的内部空间，使住户产生安全感。院落与院落之间有着高高的风火山墙相隔，既起到了良好的防风、防火、防盗的作用，同时也增强了院内居民的私密感和领域感。

(2) 线状空间。

1）街道空间。古镇的主街依照山势曲折变化，大致呈“S”形，基本上沿东西方向延伸，街道两侧分布着各式各样的商号，形成了生活性线性空间。其余支路、巷道，随着山势，呈放射状布置布局，与主街一起，形成了古镇的交通性空间。古镇所形成的线性空间，曲折多变，不拘一格，常以山景为对景，形成了巧妙的空间形态。

2）水系空间。凤凰古镇的水系发达，社川河、皂河和水滴沟河在此处交汇，古镇的西面和北面有社川河和水滴沟河环绕。发源于秦岭山系的社川河向西南汇入汉江支流，是古镇主要的生产和生活用水水系。古镇主要在社川河的南岸沿河岸展开，河道对古镇的空间形态产生了重要的影响。在古代，这里水运发达，水系曾经是古镇对外的交通命脉，后来因为公路及其他交通方式的发展，水运逐渐衰落。

（3）面状空间。古镇周围群山环绕，有凤凰山、金斗山等，形成了古镇独特的绿色面状空间（见图2.10）。也因此，古镇的发展受到山体的制约，依山就势，形成了带状的城镇发展结构，形成北面沿河，南面就山，逐渐向东、向西发展的整体格局。主街和支路向道将古镇划分成很多组团空间，空间形态呈内向性的生活院落，与外部流动性的线性空间对比强烈，形成了内外鲜明的空间形态。

图2.10　古镇周围山脉

2. 空间演化的特点

古镇的空间演化经历了漫长的过程，看似无序的发展，其实有着内在的控制因素，具有以下几个特点：

（1）渐进演化的结构。从古镇的发展历史不难看出，这里从最初人丁稀少，到大量移民涌入，再到后来演变为水路及陆路交通的枢纽，是逐渐发展壮大的，其街巷的演进过程，是随着古镇规模的不断扩大而发展的，就像植物的生长过程，根→主干→次干→分支→叶，表现出从“点”到“线”再到“面”的发展历程。

（2）沿着水系演化的结构。古镇周边有社川河、皂河以及水滴沟河环绕，其中社川河决定了古镇沿江街道的布局和走向。首先，古镇在最初相地而居时，必然选在交通便利、用水方便的河边。最初孤立的居民点随着人口的增加开始由点状逐渐汇聚成线状的居民带，此后再继续生长逐渐形成网状体系。

（3）沿着山体演化的结构。古镇南边紧邻凤凰山，山体的形态走势等因素，决定了古镇道路的走向，从而影响了古镇整个空间形态。古镇的主街呈

"S"形布局，就是受到山形的影响。后来古镇沿着山势向东西两个方向发展，逐渐形成新的镇区。

第二节　城镇肌理

"S"型街道穿镇而过，其中商业主街长约 750 m，平均宽约 3~5 m，主街占地 23 800 m^2。镇上居民主要靠商贸维持生计，老街两侧仍旧保留着核桃木板做门板的古风貌。老街上有大宅 5 户，分属党家、卢家、康家、汪家、张家所有，他们均曾盛极一时。明清时代的 60 多座民居至今依旧完好的保存在镇上，从中可以发现当时繁华老街的街景。相传此街从道光元年开始，商业、手工业发展很快，到了民国二十年（1931 年）后，因战乱而日益萧条衰败。老街有泥匠店、石匠店、木匠店、土布染色坊、银铜器皿加工铺，以及中药材铺、医药、餐具瓷器店、食盐店、银币铸造等 31 类，112 户商户，其中的 50 户拥有自己的商号。

一、街巷概况

1. 街道

街道是古镇的主要交通干道，是组织市井生活的主要场所，也是古镇空间构成中最主要的因素，整个街道空间体系由街道为主线与各个巷道发生联系。

古镇中有两条主要街道，两条附属街道。古建筑集中的街道名为凤凰街，这条街上集中的古建筑均面向街道有序的排列，形成带状的空间格局。在凤凰街的北面并排着条省级公路，这条公路顺着社川河方向布置，现今是当地的交通要道，凤凰镇的新镇区便是沿着这条公路修建的，凤凰街有巷道与这条公路相通。两条附属街道为老堰街和丝绸街，这两条街道位于凤凰主街的南面，与这条主街相通。

社川河是古镇形成发展的原始基准，确定了古镇的空间走向，凤凰街沿河岸蜿蜒曲折呈"S"形分布，贯穿整个古镇。街道成为居民日常生活的主线与公共活动场所。居民起居、交往、外出等活动都沿街展开，整个古镇景观也沿这条线形轴线布置。从商业角度看，凤凰街呈线性分布的空间格局便于购买者与经营者之间相互交流，提高了商业来往的效率。

2. 巷道

古镇的主要巷道一共有 9 条，分别是康宁巷、孟家巷、陈家巷、鲁家巷、水巷、泉水巷、柯家巷、马鞍巷、祠堂巷。巷道的宽度从 1 m 到 1. 9 m 不等。

巷道作为垂直于主街的交通分支，成为联系凤凰街与河道，以及山上的盘

山公路的重要途径。巷道是由不同院落两侧的封火山墙形成的，一般都不开窗、不开门，也有个别人家为了方便，在巷道上开侧门，直接通向院中的天井（见图 2.11）。

图 2.11　古镇的巷道

二、街巷的形态构成

街巷是古镇的构架和支撑，对整体空间形态起着决定性作用，它表现出城镇发展与自然地形相结合的特点，街道的布局、尺度、以及走向等平面要素，都是在与自然地形和环境条件相互作用和相互影响下，再结合居民生产生活的客观需求而形成的。街道大多由古镇民居建筑围合而成，是一种建筑空间模式和生活行为模式的综合体，担负着居住、交通、文化、经济、交流等多重功能，既是物质生活的载体，又是人们心理交流和社会交往的空间（见图 2.12）。

图 2.12　街景

镇内的明清老街用条石铺成，目前保留的60座明清民居中，最早的建于明嘉靖年间。两条小溪，一条与老街平行，一条与老街垂直，二者呈“十字形”穿街而过，在老街东头的交汇处形成当地人都喜欢的“甜水井”，当地人在此洗菜淘米，也是自古老街上居民的“闲话中心”。直到20世纪80年代，沿老街还有一条石刻水槽流过，颇有江南水乡的风貌。

1. 平面形态构成

街巷体现了城镇构成、发展与自然地形相结合的特点，街道的布局、尺度、走向等平面要素，是结合地形与环境条件，再根据人的客观生活需要而逐步形成的。

（1）平面形态的影响因素。一般来说，街巷平面形态构成的影响因素有地形地貌、江河水系、自然通风、风向、街道功能、建筑等。地形条件是影响古镇平面形态的主要因素。古镇的南面和北面被大山和河流环绕，古镇正处于山水之间相对平坦的谷地，建筑群落呈“S”型分布在山水之间。因此整个古镇是沿带状向东西方向发展。

（2）平面形态特点。街道是古镇的主要交通干道，是组织市井活动的主要场所，也是古镇空间构成中最主要的因素。古镇中有两条主要街道，古建筑集中的街道名为凤凰街，这条街上集中的古建筑均面向街道有序的排列，形成带状的空间格局。在凤凰街的北面并排着一条S107省道，这条公路顺着社川河方向布置，现今是当地的交通要道，凤凰镇的新镇区便是沿着这条公路修建的，凤凰街也有巷道与这条公路相通。

“S”形的主街凤凰街，犹如水中之鲤，在社川河、水滴沟河、天河渠这“三水”以及山脚河畔（南北两扇，状如莲花）间，鱼身侧卧，构成了一幅“鲤鱼穿莲”图案。据说其设计源头是“生生为易（《易经》）”理念。同时古街“S”型设计体现的是“三条水渠”“一波三折”等。南方人认为，街在水中、水在街中，上善若水。所以，其同样印证了江南水乡建筑和凤凰古镇相似的地方。

由于地形的变化，凤凰街形态随之转折变化，临街建筑界面也随之不断变换方向，从而对人的视线形成了曲折导向作用，街景的立面在人们的视线转折中产生丰富的层次变化，从而使建筑外部空间不显得单调和无味重复。另外，凤凰街并不是单一的，而是包括巷道所形成的树状连接的街巷空间体系。这些街道与巷道的体系起到了划分街区的作用，同时还满足了商业、防火、交通的要求，街巷之间产生的形式多样的交叉节点空间，使街区空间序列产生极富趣味的变化。

2. 空间形态构成

（1）街巷与山地环境的关系。位于山间的古镇，通常会用坡道或楼梯两种方式处理街道与山体的地势高差，坡道与楼梯在不同的位置出现，地势高差不大的地方基本上采用坡道，楼梯用在比较陡峭的坡地上。正因为这两种联系方式的存在，使得城镇街巷体系从平面空间变为多维立体空间，呈现出山地街巷丰富的空间形态。

古镇随着山势，整体大致沿东西方向发展，由于南面凤凰山的影响，一些大致沿南北向或接近南北向街巷会形成坡道，坡度不大，完全是顺应自然地形的做法。据当地老人回忆，主街上原来也有几处与巷道连接的梯段，但随着现代交通工具的发展，主街中的许多梯段都被改建为坡道，以方便同行，这正是社会发展对老街形态影响的真实写照。

古镇以大山为背景。在重峦叠嶂衬托下，更显出层次与建筑立体的轮廓，房屋与四周自然环境之间的距离与深度感获得提升。另外，因为河谷地带是古镇坐落的主体部位，基于排水需要，高程变化是老街的必然选择。不同维度上的高低变化让曲折街巷时隐时现，站在凤凰山上俯瞰，屋顶和风火墙相互交错，这让街巷空间布局形成了趣味丰富而又微妙的变化（见图 2. 13）。

图 2. 13　古镇鸟瞰

（2）街巷与建筑空间的关系。对于建筑而言，有内部空间和外部空间之分，从某种意义上说，建筑不过是内外空间的分界。对于古镇而言，建筑的外部空间就是街道空间。人们在建筑的外部空间——街道上聊天下棋、做活纳凉，是对住宅内部秩序的一种延伸，这样一来，建筑不再是单纯的交通空间，它成为邻里之间交往的地方，忙碌过后的人们在此相聚，孩子们也在这里玩耍嬉戏，如此形成的街道空间，更富有人情味儿。

芦原义信在研究街道空间时认为，建筑邻幢的间距（*D*）与两侧建筑物的高度（*H*）的比例（*D/H*）对人的心理及城市景观都有重要意义。以 $D/H=1$ 为界限，在 $D/H<1$ 的空间和 $D/H>1$ 的空间中，它是空间质的转折点。换句话说，随着 *D/H* 值的增大，既成远离之感；随着 *D/H* 值的减小，则成近迫之感。当街道的宽度与两侧建筑高度的比值 $D/H=1$ 时，建筑高度与间距之间保持某种均衡状态，一般可以看清实体的细部，人有一种内聚、安全又不至于压抑的感觉；当 $D/H<1$ 时，两幢建筑开始相互干涉，再靠近就会产生一种封闭恐怖现象；当 $D/H=2$ 时，两幢建筑之间形成的空间就十分的匀称稳定，达到空间平衡，是最紧凑最舒适的距离；当 $D/H>2$ 时，则感觉建筑开始过于分离；当达到 $D/H>4$ 时，相互间的影响薄弱。

街道的构成形态与建筑空间的关系密不可分，街道随地形的坡度变化而起伏，使街巷空间产生相互错落的变化，特别是山地的街巷，由于山地建筑的灵活性和建筑外部空间的自由性，体现出街巷与建筑相互依存、相互作用的构成关系。凤凰街两侧铺面组合成明确的空间界定，突出的边界特征，具有明显的领域感。临街建筑檐口的高度 *H* 为 4 m~5 m，主街宽度 *D* 为 4.5 m~5 m，平均 4.6 m，建筑单开间面宽 *W* 为 3 m~3.8 m，因此主街的 *D/H* 为 1.1~1.2，这种比例关系能给人以亲切、匀称的感觉，同时小于 *D* 的 *W* 反复出现，主街空间保持着良好的比例连续关系，使街道气氛显得格外热闹。

临街店铺垂直于街道沿纵深布局，入口处有高出地面的台阶，顶上有出挑的屋檐。街道两侧散设着小摊，自家宅前有时搭设的小棚子，店面大多是开敞的。这样的空间布局显现出空间的不确定性和流动性，也就是建筑中的灰空间。由台阶、屋檐和房屋正立面形成一个三面围合而对街道开敞的门前凹廊空间，也是室内外相互交织渗透的灰空间。大部分的临街店铺多设活动的木板门，可灵活拆卸，街道和店铺空间只有门槛相隔，并无明确的区分界限，店内界外相互渗透，形成你中有我，我中有你的流通空间，既方便了顾客，又扩大了空间的视觉效果。街道横断面在此构成明显的三级空间形态：街道构成的公共空间；人流活动的中心沿街店铺构成的半私密空间；建筑内部宅院私密空间。形成清晰的动静分区和从公共到私密的空间序列。

独特的街巷立面景观：弯弯翘起的屋檐、高高耸立的风火墙、古朴的核桃木门板、雕花的木格窗、刻着活泼动物的柱础、一眼看不透的天井院落。蜿蜒曲折的街道使街景也有着“步移景异”的立面美。

优美的天际线：高低错落的屋顶随着一天中光影的变换，充满无穷的立体美，很好地诠释了中国古建独有的“第五立面”。四季的更替中，大山丰富的变幻更是古镇最美的背景（见图 2.14）。

图 2.14　高低错落的屋顶

古镇街道上的建筑，就像人嘴里的牙齿，形成连续而规律的排列，如果拔掉一颗而镶上不相称的金牙，就会显得不协调。因此，无论是保持老建筑的基本风貌，还是要求新建筑的风格协调，都是必不可少的。

（3）街巷与水系的关系。古镇的北面紧邻社川河，因此社川河的走向决定了主街的走向，两者大致保持平行状态；而小巷则受到主街和水系的共同影响，大多垂直于河流，分布不均衡。

另外，古镇以三条河流（社川河、水滴沟河、天渠河）做房屋基址景观，高远开阔的视野格局因此形成，隔水观望古镇，水中倒影与波光水纹融为一体，形成独特的视觉景观；通过借景把构图中心拉向建筑群前部，纵然远眺群山，视线依然会有所屏蔽，但更显深度广远与层次丰富；河流在一定程度上隔离了古镇内外，空间围合感加强，古镇的某种独立性也就此产生了。

3. 街巷技术构成

古镇主街呈“S”形布局，蜿蜒曲折，在夏日太阳照射下会形成大面积的遮阳效果，有利于夏季遮阳；另外，街道两侧的房屋挑檐都较深，起到了遮阳的效果（见图 2.15）。

图 2.15　遮阳效果

和大多数传统山地城镇类似，古镇内的绿化较少，主要是通过外围的自然绿地进行补充。古镇民居内部的天井常有绿化植被，但未形成连贯的绿化空间（见图 2.16）。

图 2. 16　天井中的绿化

古镇的老街上，原有开敞的水槽，引河水而过，也可起到排水作用，后来虽然用石板覆盖，但下面仍是完整的排水系统。同时，街道排水系统与两侧建筑排水设施结合在一起，通过住宅院落天井下的排水支管与主沟直接相连。古镇的整体地势是南高北低，靠近南面的宅院中的雨水汇入天井后，就会从天井排入老街上的排水沟，再一起向西排进水滴沟河，北侧的宅院靠近社川河，排水管布置在临河一侧，减少了过街次数。

三、街巷的功能

街道两侧的建筑大多采用前店后宅的形式，因此古镇的街道同时具有了交通、商业、生产、生活等多种功能，形成了综合多种功能的街道空间。街道的断面分为 3 个部分，中间是行人行走的交通空间，两侧屋檐下是古镇居民进行手工生产、商品交换和日常生活的复合空间。街道功能的混合性蕴含着人们行为的多样性，为街道空间带来了趣味性和活力（见图 2. 17）。

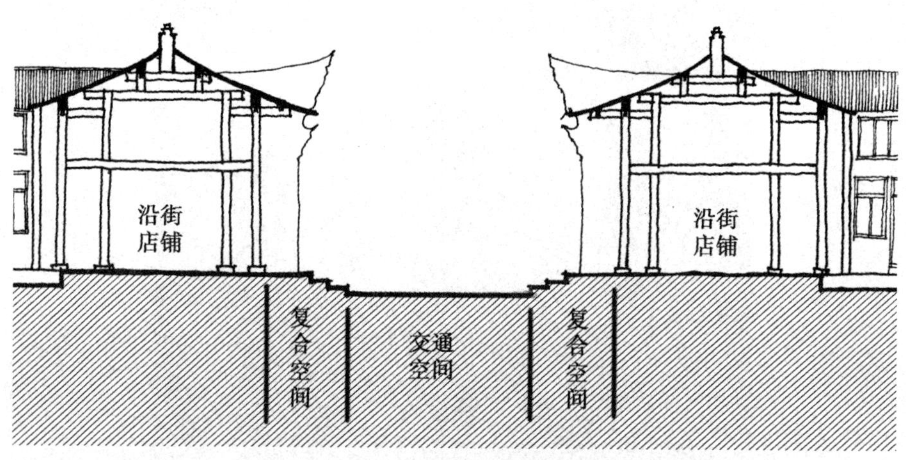

图 2.17　街巷空间示意图

1. 交通联系功能

古镇自兴起以来，其商业贸易活动异常频繁。伴随着繁荣的商业，街道逐渐发展起来。丰富多彩的经济活动将简陋的场所营造出热闹的场景。凤凰街宽 4~5 m，支巷宽 0.8~1.3 m，这种小尺度的街道空间限制了机动车流大量进入，街道并不负载过多的交通压力。步行或用手推车运载货物是老街上的主要交通方式。

2. 商业活动功能

商贸功能是老街所承担的另一个重要使命：它既是货物输入输出的通道，又是商品交换的场所。民国及民国以前，因码头位置处于老街东侧，所以东侧较为繁华；中华人民共和国成立以后因水运衰落，商贸重心则往街西偏移。古镇因街成市，街道就是主要的商业空间。古镇街道两旁有着各式各样的店铺、钱庄、药铺、客栈等商业设施，还有以农副产品为原材料的手工加工作坊，比如面坊、油坊等，从而形成集中的店铺区。古镇现存大多数沿街建筑中，有超过半数以上的建筑都是店铺式住宅，它们都曾是各式各样的杂货铺、药店、餐馆、当铺、手工作坊等，足见当时沿街店铺林立的繁荣景象。

随着水运的萎缩和公路交通的不断发展，古镇失去其商业上的地域优势，街道的商业功能随之慢慢衰败。店铺式住宅也基本转变为纯粹居住的住宅，现在除了个别经营的杂货铺、铁匠铺、豆腐作坊，还有几家颇具规模的麻花作坊，其中有批量生产也有家庭作坊。除了固定的店铺外，在街道两旁也存在着临时摊点。经营者随特定集市的变化轮流活动于几个村镇之间，逢集时都沿街定点摆设摊点售卖，形成比较集中的商业活动区。

3. 交往联系功能

美国社会学建筑师克里斯托弗·亚历山大说："城市是包容生活的容器，能为其内复杂交错的生活服务"。城市公共空间是城市生活的精华和本质，是具有蓬勃个性的生长空间，满足了人与自然、人与社会的交流的高层次需求。城市公共空间包括广场空间和街道空间。对中国传统城镇而言，公共空间就是街道空间，是人们日常生活的场所。现代城市规划较多的采用直线的道路，这种直线道路不利于人们的停留和交往。而老街作为传统的街巷空间由于其地势变换而多曲折且多节点，街道宽度也不断地出现细微变化，这种空间形态适合人们停留并成为人们的交往空间，使街巷生活极具人情味。街道作为一种开放的外部空间，成为人们交往的生活场所。人们三三两两坐在自家门口或在街道上就可以与路人相互交流。即使坐在屋内，其面向街道的大门通常也是敞开的，它们与街道空间是相互渗透的关系（见图2.18）。

图2.18　人们在街上交流

第三节　环境景观

一、景观构成元素

位于山水之间的古镇，大都为人们提供了良好的视觉享受。山水形成的自然景观和古镇自身的人工景观经常形成变化和统一、对比与和谐、人工与自然、动与静等多种形式美的特征，这些特征都是依靠天然景观元素和人工景观元素来支撑，两者相辅相成，使得古镇具有别于其他景观的特点和可识别性。

1. 自然景观元素

自然景观元素，主要是古镇街巷所处地域的小范围地形、地貌、植被、水体等限制并影响城镇形态发展演进的天然生成的元素。人们在漫长的古镇建设与完善过程中不断地适应这些自然元素，并且在适应的基础上巧妙地把这些自然景观元素纳入到古镇街巷空间的景观构成中。

2. 人工景观元素

以天然环境背景为底衬，古镇中通过人力设计、制造的人工景观也称为人文景观。具体地说，街巷中的店面、招牌、桥梁、门楼、碑亭、建筑等都是重要的景观元素，它们是反映当地文化特点的物质要素。这些属于人文景观的静态元素，而古镇中居民的日常生活、生产劳动等构成了人文景观的动态元素。正是这些动态的元素使街巷产生了活力与生机，古镇的商业街可以说是人们日常行为活动最为频繁的场所，包含了观赏、娱乐、饮食、交往、交通等诸多日常行为方式。古镇街巷的宜人之处，就在于营造出丰富而又和谐、独特的天然景观与人工景观的同时，与城镇相适应的商业活动结合起来，把人与人的日常交流自然融入街巷景观之中。

二、景观总体格局

在中国传统的聚落选址中，山、水与聚落之间存在着一种阴阳和谐的共生关系，因此，常常是山川包围着聚落，聚落中又有流水、农田、山林等穿插其中，暗含阴阳平衡的思想。从高处眺望，古镇依山而建，高低错落，小桥流水，阡陌纵横，再配上蓝天白云，形成一种独特的由“山—水—城”共同形成的田园风光（见图 2. 19）。

图 2. 19　远眺古镇

古镇的景观总体格局具有以下特点：

1. 古镇的老街与远山、近水融为一体，随着“S”形街道行进，步移景异。

2. 老街上古老的建筑、斑驳的台阶，再加上古井、古桥，和人们的生活密不可分，人们在这里工作、生活，形成一道温馨质朴的人文景观。

3. 古镇千百年来延续下来的风俗民情，手工艺品等共同构成了古镇浓郁的民俗景观，例如大街小巷上贩售的腊肉、豆腐干、手工编织等，古朴自然；但也有一些自然古朴的风貌被个别现代的、不协调的建筑所破坏（见图 2. 20）。

图 2. 20　不协调的建筑

三、山景

1. 山体形态与分布

古镇位于凤凰山和金斗山的环抱之中，山体高大稳健，连绵起伏，植被茂密，苍翠欲滴。

2. 山体景观的构成特点

古镇的形态，充分结合了凤凰山的地形条件，在自然中慢慢成长，随地形变化而变化。古镇沿着山体的坡度在高度上产生变化，形成高低错落的城镇空间，同时，古镇在平面上也沿着山势发展，形成曲折变化的街道空间，这些都为古镇自身的景观效果产生了影响。尤其是平面上的影响，形成老街步移景异的景观效果（见图 2. 21）。

图 2.21　变化的街景

凤凰山从古镇南面一直延伸到西面，成为近距离的背景。在古镇老街上漫步，凤凰山就会不时出现在视线内，和老街建筑融为一体，深色的建筑在绿色的山脉陪衬下，愈发显得古拙质朴，充满历史的沧桑。山体成为最佳的天然背景（见图 2.22）。

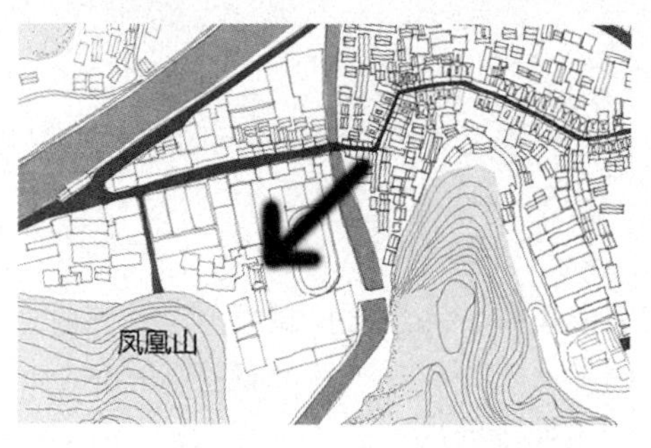

图 2.22　以山体为背景的街景

四、水景

古镇西面和北面都有河流环绕，沿河的建筑风格混乱，没有体现出沿河建

筑的特色，因此，建议对沿河建筑进行改造，适当拆除一些与古镇风格极不协调的建筑，并设计一些临水的开敞空间，增建一些古镇的配套公共建筑，其造型应与水系相协调，使滨河景观更加富有特色。

五、城镇景观

与处在平坦地势上的古镇相比，凤凰古镇街巷景观最明显的特征在于其处于山地之中，赋予了古镇街巷空间多维的景观。富有韵律的建筑组群、蜿蜒的河流以及高低起伏的山体分别构成了古镇街巷的近景、中景、远景，形成多层次的空间，给人们带来独特而丰富的心理感受。由于处在山地之中的特殊性，人们获得了广阔的视野和多变的视角的可能性。在不同的视点与视线方向，有不同的街巷景观特征。街巷景观层次丰富、灵活多变，随人们视角不同而产生形成不同的街巷空间景观感受，这在处于平原上的古镇是难以体会的。

1. 城镇的空间节点

古镇老街呈“S”形延伸，空间节点大多出现在街道转折处，这些地方更容易结合建筑形成供人们停留、交往的空间（见图 2. 23）。

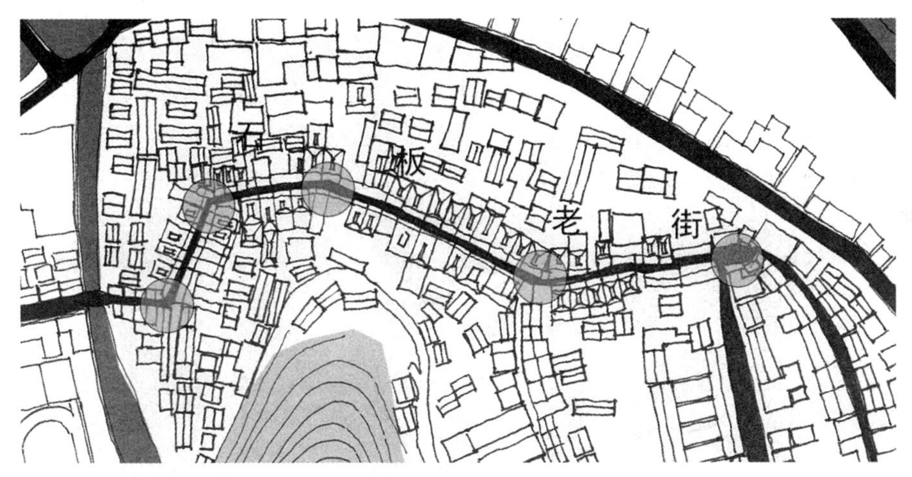

图 2. 23　老街上的空间节点位置

2. 城镇的路径

古镇的路网结构是由一条老街串联若干巷道所组成。老街大致沿东西方向发展，蜿蜒曲折，巷道大多垂直于老街。老街上原有露出来的排水沟渠，后来用水泥路面覆盖了，这从某种程度上破坏了古镇原有的景观效果。

3. 街道美学

(1) 街巷与外部自然环境的结合——自然之美。古镇位于山水之间，自然的山水格局成为古镇之外重要的景观因素。古镇中街巷在水平方向和垂直方向都巧妙地与山水环境融为一体。街道随着自然地形的变化曲折迂回，高差多采用坡道来连接，形成多变的街道景观。

（2）街道两侧建筑艺术高度一致——和谐之美。在格式塔心理学（Gestalt Psychology）中有一幅埃德加·鲁宾（Edgar Rubin）著名的“杯图”（见图2.24）。当我们将注意力放在中间的杯子上时，两侧白色的部分就成为非图形的空间，而当我们将白色的部分看成是两个相对的人的侧脸时，黑色的杯子部分就成为非图形的空间。当我们将杯子当成图形时，白色的部分就成为背景；当我们将人脸当成图形时，黑色的部分就成为背景。相同的道理，古镇的街道由连续排列的建筑形成，街道和建筑的关系，具有这种轮廓清晰的“图形”的性格。当你将一座建筑作为欣赏的主体时，街道就成为了背景而存在（见图2.25），当你将街道作为主角来欣赏时，建筑就自然而然地成为了背景。在这种情况下，街巷景观的优劣，主要就是由建筑的外观决定的（见图2.26）。

图2.24　杯图

图2.25　建筑为欣赏主体

图 2. 26　街景为欣赏主体

根据龟卦川淑郎在《街道空间的视觉构造》一文中的论述，实际上建筑的外观有“两道轮廓线”，第一道轮廓线是指建筑本来外观的形态，包括外墙、门窗、屋顶以及装饰等；第二道轮廓线则是指建筑外墙的凸出物和临时附加物所构成的形态，包括各式招牌、宣传海报、遮阳篷等。第二道轮廓线在一定程度上遮蔽了第一道轮廓线，从而改变了街道的景观（见图 2. 27）。

图 2. 27　充满招牌和遮阳篷的街景

古镇的建设通常没有统一的规划标准，而是自发建造的个人行为，这就使得古镇建设的过程中从建筑单体到街巷空间所展现出来的多样性是必然结果，但与此同时，其中的建筑表现出在艺术上的高度统一。由于受到地域文化的影响，古镇有共同地域气候特点、共同地域所能收集到建筑材料以及共同地域口头传承的习惯构建方法。这些因素将丰富的多样性的表现统一成和谐的古镇街巷景观，这种统一性具体是通过以下几方面体现：

1）材料：古镇老街区两侧建筑立面构件大部分都是木质的排门，其色彩统一，独具特色。

2）结构：相近的外观是由统一的结构体系来支撑，为争取最大的营业面积、形成通透的连续空间而采用了抬梁式与穿斗式结合的木构架是凤凰镇的特色。

在形式美原则中，韵律是物体的各组成要素构成统一重复的一种表现，这些重复赋予街巷空间紧凑感和趣味性。古镇街巷的韵律节奏主要是通过建筑语汇以及尺度的重复来实现的。相同的街面铺设、屋顶形式、立面做法、山墙形式等在一定街道范围内反复出现，形成强烈的形式美的韵律感。尺度的重复同样产生韵律。古镇传统建筑在建设过程中，具有相同尺度的构件在街巷空间中重复出现也产生出韵律效果，包括台阶的高宽、檐柱的间距、房屋的开间、檐口的高度等。

（3）街巷历史文化的积淀——文化之美。老街已有数百年的历史，自建成后每每遭遇天灾人祸，那已经明显倾斜的老屋、斑驳的土坯墙、火灾之后的残垣断壁，都是老街历史的最好见证，虽已残缺，但表现出历史的积淀。

随着城市化进程的推进，古镇也难免被波及。众多的青壮年外出打工或迁入新街居住，部分现代化材料建造的房屋也在老街周围不断出现，这也是历史发展的一个必然过程。

（4）朴素生活的再现——生活之美。古镇居民勤劳善良，热情好客，也带有小商人的精明练达。在老街上，居民们通过商品买卖、手工加工等维持生计。白天的老街热闹而忙碌，到这里来旅游的人络绎不绝，到了傍晚，旅游的人们陆续离开，老街逐渐恢复宁静，居民们或三或五聚在一起，聊天、饮茶、下棋，一天的辛苦劳作后，居民们通过这样的方式来放松自己，老街呈现出一种温暖祥和的氛围，充分体现出生活之美。

第三章　建筑空间

建筑是一个历史时期社会文化、科学技术等多方面综合的产物，传统建筑带有明显的地域特征，是古镇物质文化的重要载体。凤凰古镇的建筑既反映了当地人民的社会文化生活，也反映了当地的民俗民风以及技术、经济情况。个体建筑最终组成了整个古镇，因此对古镇建筑的研究，是深入分析古镇建筑文化的前提，也是制订古镇保护与发展规划的前提。

第一节　地域文化对古镇建筑的影响

在凤凰古镇，特殊的自然地理条件以及楚文化和移民文化的融入，形成了特殊的地域文化，建筑表现出南北过渡、东西交杂的复杂性特征，出现了明显有异于关中、陕北地区的，带有鲜明的湖北等地区建筑特色的天井院落建筑，带有明显的南北过渡与东西交杂的混合性和复杂性。凤凰古镇民居兼具秦风楚韵，这使它成为研究陕南山地文化的代表，具有非常高的建筑、民俗和艺术等多种研究价值。

一、地理气候条件对民居的影响

古镇位于东经108°50′~109°36′，北纬28°50′~36°56′，这里属于亚热带和暖温带的过渡地带，年均降雨量740 mm左右，阳光充足，平均日照1 860.2小时。最低平均气温0.2 ℃，最高平均气温23.6 ℃。四季分明，温暖湿润，夏无酷暑，冬无严寒，降水丰沛，利于农业生产，也是天然的避暑胜地。古镇周围山环水绕，有着便利的水路运输条件。

正是由于这里得天独厚的自然条件和农耕资源，历史上才会有数次从外省迁来的人口在这里开垦荒地，繁衍生息。这样优良的天然条件，使当地人民丰衣足食，也有条件有精力去解决住宅问题。人们根据大自然的恩赐，就地取材，黄土、木材、茅草和石材成为应用最为广泛的建筑材料。

二、移民文化的影响

古镇的历史上有多次移民迁入的情况，第一次是在唐初，大量从湖北、湖南迁来的移民在此定居。清顺治初年，又有大量移民迁入，光绪十年编修的《孝义厅志》中记载，“境内烟户，土著者十之一，楚、皖、吴三省人十之五，江、晋、豫、蜀、桂五省人十之三，幽、冀、齐、鲁、浙、闽、秦、凉、滇、黔各省十之一。”从中不难看出，古镇居民来自东西南北各地，但主要还是楚、皖、吴人数居多。这些移民迁来古镇定居，在这里繁衍生息，并将自己家乡原有的文化带入古镇。这些移民文化对古镇的建筑产生了深远的影响，尤其是以荆楚文化为代表的湖北民居，古镇的建筑在很多方面都有湖北民居的特征，主要表现在下面几个方面：

1. 平面布局

湖北民居在平面布局上常采用多路多进的四合院形式，但与北方四合院民居有所不同，整个院落都由建筑围合而成，正房和厢房的屋顶连为一体，院落空间也比北方四合院窄小得多，均为天井院，凤凰古镇的民居也是如此，与湖北民居如出一辙（见图3.1）。

图3.1　湖北李氏庄园天井院

2. 梁架结构

湖北民居多采用传统的砖木结构，屋架多为穿斗式和抬梁式混用，正房明间为抬梁式木结构，山面为穿斗式木结构，两厢建筑则为穿斗式木结构。古镇民居也大多为砖木结构，但屋架都采用抬梁式木构架，更多受到北方文化的影响（见图3.2）。

图3.2　湖北李氏庄园明间抬梁式、次间穿斗式木构架

3. 装饰艺术

民居建筑主要由屋顶、屋身和台基三部分组成，其中对建筑形象影响较大的主要是屋顶和屋身，也是装饰的重点。

（1）屋顶。湖北民居多为硬山式屋顶，坡屋顶的主要作用就是为了迅速排流雨水。它的屋面坡度较缓，大约为27°，这样的坡度美观大方，有利于排水。屋面铺有小青瓦，铺成龙鳞状，山墙脊顶上做成错落有致的“凤飞龙舞”封火山墙。这种“凤飞龙舞”是楚人的图腾崇拜的标志，有一往无前不可阻挡的气势、运动和力量。“凤飞龙舞”不是作为室内装修，而是作为建筑上一种标志，高高地矗立在封火山墙上，显示出楚民族独特的个性。这种“凤飞龙舞”民居形式使整个建筑充满了一种灵动和鲜明的效果，独立和区别于其他民居建筑形式，成为湖北民居建筑的一种风格和特征（见图3.3）。古镇民居的封火山墙也有如此特征。

图 3.3　封火山墙比较

屋檐下不用斗拱，从屋檐到建筑立面常用截面呈弧线的木头来作为过渡，是北方民居中从未见过的做法，古镇民居中的做法如出一辙（见图 3.4）。

图 3.4　檐下做法比较

（2）屋身。湖北民居与北方民居做法不同，在檐下常使用斜撑来支撑屋檐，构件满布雕饰，精美绝伦（见图 3.5）。墀头部位是装饰的重点，形式多样，有彩画，有浮雕，有人物故事，材料有砖砌的，也有石雕的，还有镶嵌碎瓷片的（见图 3.6）。柱子有方有圆，柱础形式多样，有八角形的、圆鼓形的（见图 3.7）、花瓶形的，构思极为巧妙。所有这些都能在古镇中见到相似的做法。

图 3.5　湖北民居的撑栱

图 3.6　嵌瓷的墀头

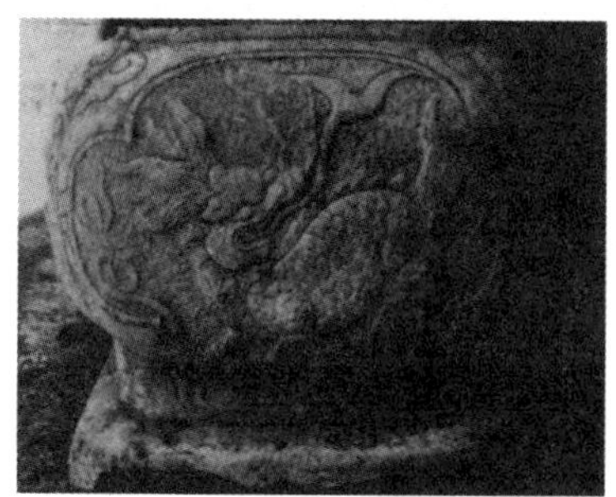

图 3.7　湖北民居的柱础

三、商业文化的影响

凤凰古镇借助优越的地理条件，成为从陕西关中到江汉平原贸易往来的重要运输枢纽，更是陆路交通和水陆交通的中转站，商旅往来多云集于此，古镇中商埠字号、店铺钱庄遍布成街，商业气息浓郁。

因此，为了满足商业的需求，大多数古镇民居都是商住两用，从平面布局上看，均采用前店后宅的形式，即沿街的三开间或者五开间，均采用可装卸的条状板门，进门之后的前厅就是店面了。过了店面是天井院，再往里，是自家居所的客厅，过了第二进院落，就是卧室。所有的建筑都有二层，主要用作堆放货物的仓库。这样的布局方式与普通的四合院民居差异明显，完全是由于商业文化的影响。

第二节 建筑形态

对于建筑形态，这里主要从组群、空间、造型和构筑四个方面进行研究。

一、组群

1. 布局模式

古镇建筑组群的布局模式，主要受到所处地域以及自然环境的影响，布局模式就是建筑为适应周边环境而产生的各种类型。古镇的建筑组群主要有以下几种布局模式。

(1) 线状行列式。这种排列方式大多用在地形较陡或者用地受限的地段。古镇主街由于受到南面凤凰山山形的影响，呈“S”形线状布局，两侧的建筑沿街紧密排列，由于这里以商业起家，沿街店面就显得十分重要，各个商户都希望更多地争取沿街店面，因此，在主街两侧就形成了沿街面窄，而进深方向长的长条形窄院（见图 3.8）。

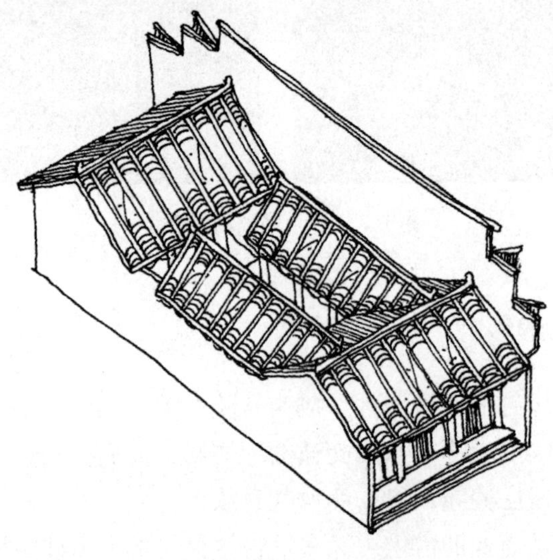

图 3.8 民居轴测示意图

(2) 片状布局。片状布局常见于自然地形条件比较优越，场地面积较大，坡度分布均匀、平缓的地段。古镇东面地形较为平坦，所以这个片区中巷道丰富，呈枝状分布，最终都与主街交汇成一体（见图 3.9）。

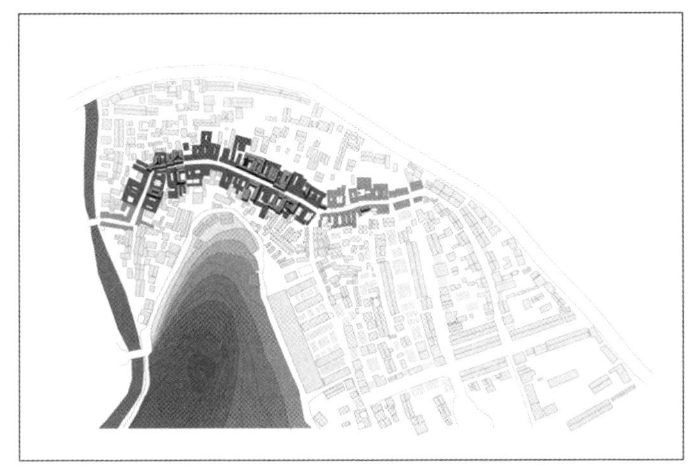

图 3.9　古镇平面图

2. 剖面空间

组群的界定边界线北边是河，南边是山地可建用地线，建筑在两者之间修建，总体地势靠山一侧较高，临水一侧较低。因此靠山一侧的宅院随着地势建造，进门处低，越向内走，建筑地坪逐渐升高；临水一侧的宅院，院内地坪仅有室内外高差的变化（见图 3.10）。

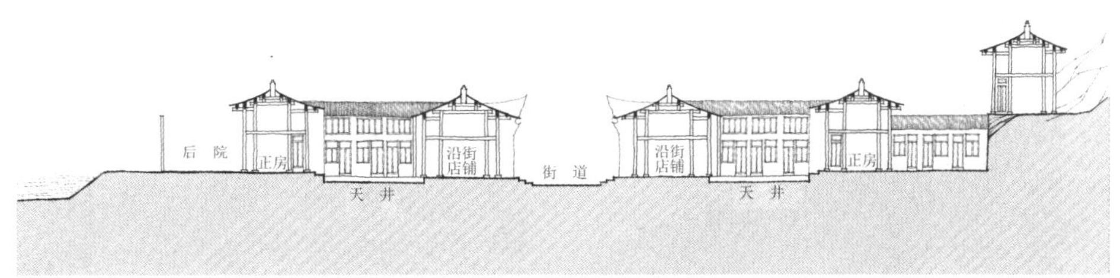

图 3.10　街巷横剖面图

二、空间

建筑空间形态，从空间构成上可分为室外空间和室内空间，从属性上可分为自然空间和人工空间。凤凰古镇位于山水环抱之中，是由自然空间和人工空间相互融合而形成的独特的人居环境形态。

1. 典型空间形态

(1) 背景空间。凤凰古镇中，周围高大的山体、蜿蜒曲折的水系甚至一草一木等元素都是建筑的背景空间，它们对建筑起着一种背景衬托作用。民间所说“背山面水”就是这一空间形态的真实反映。从古镇的布局中可以看到，建筑与背景空间相互融合，建筑布局沿着山势发生曲折变化，水滴沟河和社川河环绕四周，形成了契合的整体。

(2) 维系空间。古镇的建筑大多呈片状或块状分布，这样一来，建筑与建筑之间就产生了维系空间。维系空间既是自然空间又是人工空间，它不但能满足建筑功能方面的要求，而且丰富了整个城镇空间，是自然空间与人造空间的一体化。凤凰古镇中，形成维系空间的既有自然的河流、林木，也有人工的街巷、天井等，丰富了城镇的空间体系。

1) 街巷空间。建筑围合成院落，院落有序发展，形成街巷空间，街巷空间与古镇居民的日常生活密不可分，街面、巷口、路边、树下，都是人们交往的场所，人们每天在这里喝茶、聊天、下棋，构成古镇历史中最难以忘怀的一部分（见图 3.11）。

2) 天井空间。平面通过天井来围合的两进或三进院落是古镇民居的基本布局。天井，是一种以天井为中心构建的围合或半围合的建筑，屋顶四周坡屋面围合成敞顶式空间，形成一个漏斗式的井口（见图 3.12）。

图 3.11 老人们在街边聊天

图 3.12 天井

与陕西关中地区的民居相比，天井空间的功能类似于院落空间，但又有不同。相同之处，主要是二者都是用来组织建筑的重要空间，也能够满足建筑采光和通风的需求。但差别也很明显，主要是尺度上的差异。古镇民居中的天井空间，沿庭院轴线方向呈纵长方形，形成狭长空间，类似井口，关中民居与之相比，则宽敞许多。

平面布局的三合院（以天井院落为主）是古镇民居的基本特色。

天井是房屋进门后的主要空间，由此采光，经由两次折射，光线变得不再炫目。天井满足了室内的自然采光、夏季遮阳、汇集雨水与自然通风等要求。室内湿度调节则由设置天井中的绿化盆景水池完成，夏凉冬暖，俨然一座天然的空调装置。无论是正房或是厢房，均朝向天井开门开窗，除了满足其物理功能外，也与聚财理念相契合，外墙一般不开窗户。

古镇天井尺寸不大，不同的天井院落，其高宽比并不一定，但基本都是介于1：1与1：2之间的私密空间尺度（见图3.13）。

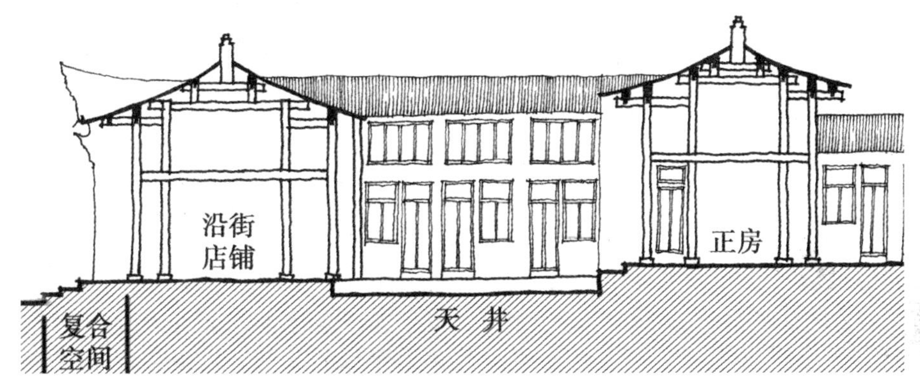

图3.13　天井剖面图

经由天井周围设立的水视，雨水可以因此流进水沟中，这就是所谓的“四水归堂”，也预示了“肥水不流外人田”的含义，彰显了敛财聚财的理念。此外，院中盆植花卉、鱼池、水井、石凳、石桌，饰漏窗、造流泉、叠假山等让天井与自然更加和谐。

天井空间也可算是从室内到室外的过渡空间，体现出室内外空间环境的融合，同时此类渗透关系也会通过内外水平方向空间，向垂直方向进行扩展与渗透。从外向内望，天井是具有立体感的美术作品，高深的院墙上有漏窗开设其上，以此完成透光通气，让气氛不再沉闷神秘。透过幽静天井的露天洞口，白云蓝天尽收眼底。经由天井这个有限洞口，人的思维也得到无限解放（见图3.14）。

另外，天井是家庭生活的中心区域，日常的起居活动，如儿童的玩耍、老人晒太阳等活动都在这里每天上演。

(3) 神祇空间。华夏民族的祖先从很早就开始进行自然神崇拜，并进行各种级别的祭祀活动，天地日月星辰、山川河流、风雨雷电，都在祭祀之列。这些祭祀活动最初在露天场所，后来就出现了礼制建筑这个类型，是用来祭祀神灵、祈求庇佑的特有建筑。生活中始终会碰到不确定性的情况，一些非正常的事件往往会使人感到无奈与迷惑，正如民间所说“天有不测风云，人有旦夕祸福”，于是人们往往将这类不确定性的事情归之于神的安排，祈求得到神灵的保护，信仰由此产生。先人们把他们对神的感悟融入其中，祭祀活动是人与神的交流，这种交流通过仪礼、乐舞、祭品，达到神与人的呼应。

图 3.14　天井中的绿化

凤凰古镇中的二郎庙是古镇老街中唯一一座明代建筑，古镇居民在与自然灾害斗争的实践中，形成了“怕火、惊水”的习俗行为。为解决人们对于水与火的惧怕，古街中修建了一座二郎庙，给人们以心理上的慰藉。

(4) 有形和无形空间。古镇的居民千百年来喝着同一条河里的水，走在同一条老街上，彼此之间十分熟悉，交往密切。街面、门口、路边、树下、巷口、石旁，都是交往的场所。这些有形的空间，每天都记录了不同的故事，而最终流传下来的故事，成为古镇历史中最难忘的组成部分。

三、造型

建筑造型主要是指古镇建筑在千百年历史演变中，人的生活需求与外界环境结合的一种功能反映和外形风格的体现①。

凤凰古镇的建筑，多以家庭为基本单位，结合商住的共同需要，以及多雨潮湿的气候，居住空间造型丰富、变化多样、色彩淡雅。建筑布局沿街方向面阔较窄，垂直街道方向进深大、占地狭长、围合紧凑，充分考虑了商业的需求。古镇的中心地段古代商业繁荣，临街的大门采用古老的门板穿插的“槽”

---

① 赵万民. 罗田古镇［M］. 南京：东南大学出版社，2009.

形式，当地盛产核桃，所以门板一般用结实耐磨的核桃木或漆木板做成，上土漆油染，十分光洁明亮，门墩为石雕花卉或吉祥小动物（见图3.15）。

图3.15　漆黑的木板门

这里的建筑密度大，一个院落紧挨着另一个院落布局，所以院落之间都有封火山墙，一方面满足建筑实际的功能需求，另一方面也带有浓郁的荆楚特点。与北方民居宽敞的院落空间不同，这里的建筑多采用“三和天井”的格局，既可达到通风采光的效果，又能屏蔽阳光的强烈辐射。此外，大量使用砖、木、石雕，使建筑有着江汉民居鲜明的特征。

1. 带有浓厚的地域特色

陕南地区承启北南，连接东西的特殊地理环境，使这里的民居在与周边建筑文化的频繁交流中形成了多样化和融合性的总体特色。

在大山的环抱下与南北传统文化的熏陶下，在青山绿水间坐落的古宅，构成小桥、流水、人家的优美境界，明显受到楚文化的影响，与楚地建筑讲究“浪漫、灵动、绚丽、精美”的特点极为相似。

从建筑布局上看，大多采用尺度较小的天井院，与江汉民居的布局特征十分类似；从建筑色彩上看，楚人尚黑红，古镇民居无论是大木结构还是小木门窗，都是黑色油漆罩面（见图3.16）；从建筑细部上看，古镇的封火山墙，屋顶上的脊饰，轻巧灵动，提升了韵律美与空间层次，明显带有江汉民居的特点，另外，支撑屋檐的撑栱也与楚地建筑一般无二（见图3.17）；从装饰题材上看，常常采用优美的凤凰造型，延续了楚人崇凤的传统，民居的门窗雕饰中的纹样，遒劲回环，具有明显的楚风（见图3.18）。

古镇民居　　湖广会馆

图 3.16　颜色的对比

古镇民居的撑拱

湖广会馆的撑拱

图 3.17　撑栱对比

图 3. 18　封火山墙上的凤凰图案

2. 因地制宜的造型

古镇位于山水之间，山水格局决定了古镇的整体布局以及街巷的走向，街巷的走向又进一步决定了建筑的朝向和造型。因此，建筑造型多变，大多顺应自然条件，因地制宜，形成古镇自然多变的建筑风貌。

3. 就地取材，与自然相融合

古镇周边有着丰富的天然建筑材料，如木材、石材、土坯等，形成与环境融合的自然特色。古镇利用条石、块石等来铺砌街巷，砌筑建筑的墙体、桥梁，用木材来制作建筑的承重结构、门窗以及各种家具。正因为这些材料都源于自然，最终自然也就和建筑融为了一体。

4. 精美的内部装饰

木雕、砖雕、石雕的普遍使用是古镇民居最突出的特征，有着极高的艺术价值。古民居照壁、漏窗、栏杆、窗楣、门额、门罩等都充满了雕刻艺术，技法多为透雕、圆雕、浮雕等。雕刻主题丰富多彩，有仕学孝悌、耕织渔樵等风俗民情、神话传说、历史故事与戏剧题材，也有飞禽走兽、花草虫鱼等画面及日月星辰、山川河流等景物。雕刻精美、内容丰富、题材广泛，构成了展示明清风情的一幅生动长卷。单调呆滞的静体也由此获赋生命，更加栩栩如生与跃跃欲动（见图 3. 19）。

图 3.19　雕刻艺术

5. 造型与功能的巧妙结合

古镇民居建筑追求造型与功能的巧妙结合。不仅追求功能实用，而且更加重视装饰工艺的美感。例如，设计天井时，既要和山区环境相适应，又要满足采光、通风以及排水的要求。又如，屋檐下的撑拱，满布雕刻，既满足支撑屋檐的功能，又通过雕刻体现了形式美（见图 3.20）。

图 3.20　撑拱

6. 质朴的外表蕴含着秀美

古镇的建筑大多为彻上露明造，深色的木构架、白色的墙壁、漆黑油亮的木板门，简单而朴素，又形成强烈的对比，显得庄重质朴。细节上又富于装饰，隔扇门窗、撑拱、照壁充满了砖雕和木雕，显示出其秀美的一面。

四、建筑构件与建筑材料

1. 建筑构件

按照功能可将古镇传统建筑的构件分为三大类：

（1）承重结构。古镇民居使用抬梁式木构架。这些木构架自清代始建基本保存完好，后代未做大的翻修，基本保持着清代原貌，最大限度地保留了原建筑的文物价值。

古镇民居的沿街店铺和正房体量较大，多采用五檩抬梁式木构架出前后廊或不出廊，厢房的体量小一些，多采用三檩抬梁式木构架。也有局部采用穿斗、插梁式的木构架。檩条截面为圆形，檩下有枋，截面也为圆形，但直径要小一些。木构架的梁比较粗大，形状不甚规则，有的像是将树木砍下后略作加工就使用了。也有的向上略弯成弧形，似月梁的形式。屋檐下常用各式各样的撑拱来增加挑檐深度，带有浓郁的荆楚风格。柱子为圆柱，下有石质柱础，形式多样（见图 3.21）。

图 3.21　梁架

（2）围护结构。围护结构主要是外墙和屋面。外墙多用砖砌筑而成，也有一部分仍是土坯砌筑而成的，砖砌的墙体有些采用清水砖墙，不进行粉刷，也有一些外刷白灰，简单质朴（见图 3.22）。

图 3. 22　各种墙体

2. 结合地方材料，创造地方工艺

古镇位于秦岭腹地，森林资源丰富，因此木材是当地重要的建筑材料。土可说是一种古老的建筑材料，大山之中到处都有，取材方便，因此，也有相当一部分的建筑是用土坯来砌筑的。土经过烧制，还可以生产砖和瓦，明清以来，砖在民居中普遍使用，在这里有部分建筑的墙体是用砖砌的，屋顶上最常用小青瓦和一些瓦制装饰构件。木材、砖、瓦、石是老街民居建筑的主体材料，局部也有用纸、金属等建筑材料。

（1）木材。古镇中的民居大多用木构架承重，多为抬梁式，也有局部采用穿斗式，运用灵活，穿梁外伸，与撑栱一起承托屋檐，增大了出挑宽度。门窗也都采用木材制作。

图 3. 23　土坯墙

（2）土坯。年代久远一些的民居，大多是用土坯来砌筑墙体的。土坯取材方便，制作简单，经济实惠，土坯墙的热稳定性好，保温隔热效果良好。而且对环境没有任何污染，属于环保的建筑材料（见图 3. 23）。

（3）砖。陕南山地黏土丰富并且利于烧砖，所以砖便成为建造房屋的原材料之一。古镇房屋多用青砖围合，有的在室内涂抹一层白灰。青砖同样被运用于房屋其他诸多部位，其中使用部位最多的是外墙与风火山墙，也包括室内外铺地、窗台等。同时，作为一种主要装饰性构件，砖在屋顶、大门、照壁等处均使用，如精美的砖雕装饰（见图 3.25）。

图 3.24　砖墙和砖雕

（4）瓦。古镇中用的最多的是灰色的小板瓦。由向上的板瓦凹面把屋面组合排列而成，檐口处的底瓦有滴水收头设置。

（5）石。古镇社川河沿岸裸露着诸多山石，开采简单。因为石材坚固耐用，所以运用广泛。挑选打磨后的石材会用作门前石狮、抱鼓石等装饰，也可用于下沉天井砌筑、院内柱础、水井沿口、石磨以及楼梯台阶、铺地、房屋台基、挑檐下部条石等（见图 3.25）。

图 3.25　石材的应用

(6) 纸。古镇老宅中很多还保留着用麻纸糊窗的建筑，其可透光、可防风，贴于床围墙上部的年画美观大方能挡住墙土掉落被褥之上。

第二节　建筑现状分析

一、建筑现状

老街自唐代起就是古镇固定集市的所在地，街道历史比较久远，但较早建筑已全部被战争所毁，现今所遗留下来的建筑，其历史基本在100~300年左右。其商业气氛自古浓厚，老街各商铺大都采用“前店后宅”的传统建造模式，这种模式是我国许多传统民居中组织商业活动与居住的主要方式。在传统家族观念的深刻影响下，以家庭为单位的经营理念是伴随着中国几千年小农经济而催生出的固有模式。家族成员广泛参与经营的每一个环节，自然这种“前店后宅”的模式是最好的空间组织方式。

这种“前店后宅”的传统模式就是前面用作商业，后面作为生活起居场所，无论是正房还是厢房，均有二层，主要当作仓库使用。

通过对老街上主要建筑的调查，沿街建筑的立面基本还保留着原始的木条板门，高度上两层，一层是条形门板门，用作商铺或家宅，上边一层带有格子窗，多为杂物间，或废弃，还有的直接将两层打通。部分建筑的后院已改建为现代建筑。有些民居的内部由于各种原因，也做了很大程度的改造，比如吊顶，为了防止鼠患，用铝塑板做吊顶；为了增大内部的营业面积，将厢房与大堂打通，去掉或移动一些柱子。这在一定程度上破坏了建筑的原真性。

二、主街南侧建筑普查

通过对主街上的建筑现状进行详细调查，能够为后期保护工作收集第一手重要资料。在调查中，按照主街上建筑的大致朝向，按照南侧和北侧从东向西依次进行调查（见图3.26）。

主街上的建筑基本都是以院落的形式存在，面阔大多为三开间，有一进、两进或三进，规模各有不同。有些院落后来由于各种原因，被分成几份，分属不同住户，住户为了方便使用就对内部进行了改造，改变了建筑的原有格局。

第一套：

这套院落具体建造年代不详，大约百年以上历史，墙体为土坯墙，承重结

构为木构架，面阔 7 间，外立面保存完整，两层高，下层为店铺，上层为储藏室，有对外的格子花窗；屋面铺设板瓦，屋脊正中有简单装饰；东侧封火墙缺失，西侧完整；木条板门。石条板铺门口台阶。

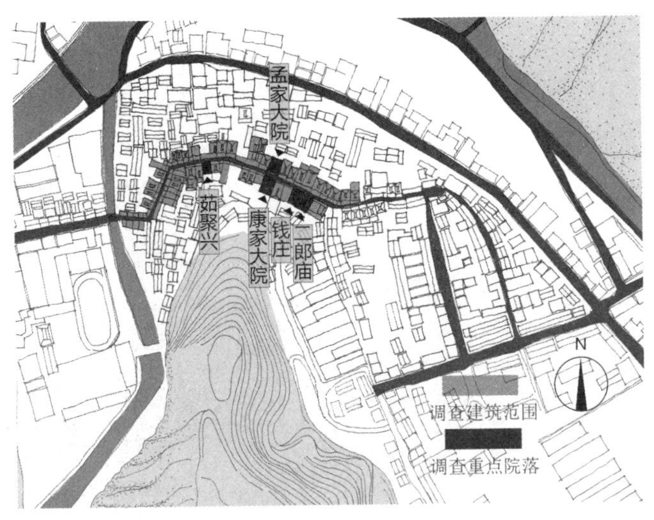

图 3.26　调查建筑范围

这套院落已分给三家使用，一家为强兴百货商店，一家为普通民居，房屋二层杂货间，一层主要居住房间 2 间，其余皆为杂货间，吊顶做过处理，家中几乎看不到房屋原结构，夏天潮湿，采光不好，门的形式改变，二层窗户的形式没有改变，还有一家是杨家麻花铺（见图 3.27）。

图 3.27　第一套建筑外观

第二套：

这套院落具体建造年代不详，大约有一百多年历史，墙体为土坯墙，承重结构为木构架，面阔5间，两层高，下层为店铺，上层为储藏室，有对外的格子花窗，屋面铺设板瓦，屋脊正中有简单装饰；有封火山墙；传统样式的木条板门。外立面保存完整，但内部都做了很大程度上的整改，原结构几乎不可见。房屋倾斜较为严重，外立面柱子上端有雕花装饰。

这套院落是一家春风发廊，供屋主自己居住和开发廊，有3间居住的房屋已经是现代的建筑，房屋后边仅存的原建筑结构已部分坍塌不完整（见图3.28）。

图3.28　第二套建筑外观

第三套：

这套院落有丰源和古钱庄，整体保存基本完好，会专门进行介绍。

第四套：

这套院落有一百多年历史，面阔5间，高度上两层“明一暗二”，明间为店铺，暗间为储藏室；四扇格子窗；屋面铺设板瓦，屋脊正中有简单莲花状装饰，门前柱子上也有简单装饰；有封火山墙，右侧挨着钱庄，封火墙的高度比较高，左侧很低矮；立面门虽都是木门，但形式已不同，内部都做了很大程度上的整改，原结构几乎不可见。

这套院落共分为三家使用：金凤凰艺苑（屋主，主要还是居住，没有商业小买卖，立面门的形式已经改变成木制的平开门，）仙娥土特产（门的形式改变）和金典农家（屋主，居住，内部整改严重，由于之前做过商业买卖，所以受老鼠、蛇的影响，内部已经吊顶，立面门的形式也已经改变）。

第五套：

面阔 5 间，高度上两层“明一暗二”，四扇格子窗；屋面铺设板瓦，屋脊正中有简单装饰；有封火山墙；门的形式都已改变，山货店改成了木质平开门，原结构几乎不可见。

第六套：

面阔 2 间，5. 2 m，立面门一间是木质平开门，一间是上部带有菱形格子的木质平开门，内部前店的柱子位置基本全改变，做了很多的隔板墙，屋内屋顶的板瓦已经损坏，改用管子引流，二层的阁楼废弃，用条板围挡。这里主要是老街的卫生室，建筑内部空间做了很大的整改，院落后面原有房屋结构小部分可见，另一些已经全是现代建筑。

第七套：

康家大院，整体保存基本完好，会专门进行介绍。

第八套：

面阔 3 间，内部吊顶，立面第一间和第三间立面的门都已改成现代的木质带玻璃平开门，中间一间门形式变成木质平开门，立面二层无改变，保留着原来格子窗的做法，立面柱子有简单装饰，屋顶铺板瓦，完整。东西封火山墙存在。

第九套：

面阔 6 间，20. 12 m，立面严重变形，虽然六间是一段烽火墙内的，但是很明显的立面已经拐了个弯，弧度还很大，立面的门窗相比之下也是比较破旧，内部皆吊顶，因为商业的缘故，除了一品香手工只有一间门面房外，其他的内部都已改为现代建筑来满足居住需求。屋顶铺设板瓦，檐口部分变形严重。立面柱子上有简单装饰。东侧封火山墙存在，西侧无。

第十套：

面阔 3 间，左边烽火山墙完整，右边缺失，屋顶铺设两层板瓦，一间立面改变，另外两间立面保存较完整，但内部都有不同程度的整改。

第十一套：

面阔 3 间，立面保留着传统的木条板门，立面二层窗户形式不是传统的条形格子，上边有雕花，形式美观，厢房的隔墙被拆除，但柱子存在，柱子变形，厢房一层的层高不高，3 m 左右，二层的东、西阁楼楼板有缺失，厢房的屋顶为单坡，屋顶铺设板瓦。后方屋顶铺设板瓦，屋脊中间有板瓦搭成的简单装饰。前院建筑皆无法居住，居住的城所是后院的一座原始格局所改造的现代建筑。天井下水池存在，东、西封火山墙存在。

第十二套：

面阔 3 间，立面门的形式都已改变，其中一间漏雨严重，导致空间废弃无用，只做了简单的支撑，二层随时有坍塌的危险，内部都是现代建筑房屋作为居住，前店由于已成危房没有使用。屋顶铺设板瓦，完整，但檐口处有损坏，两边封火山墙都完整存在。

第十三套：

茹聚兴药铺，整体保存基本完好，会专门进行介绍。

第十四套：

面阔 3 间，是整条街上房屋墙面倾斜最严重的，已成危房，却还在使用，而且危墙面向人行街，安全问题很严重。左侧无封火山墙，右侧存在，门框也变形。

第十五套：

面阔 3 间，内部都有吊顶，因为商业和食品买卖以及老鼠、蛇的困扰，所以内部都做了装修处理；二层窗户都有不同程度的破损，因为年久失修漏雨，二层阁楼的空间废弃未使用。屋顶檐口有小变形成弯曲状，屋顶铺设板瓦，完整，南北两侧封火山墙存在。

第十六套：

面阔 2 间，门的形式有改变，二层窗户的形式没有改变，空间废弃无用，内部吊顶装修，屋顶铺设板瓦完整。南北两侧的封火山墙都存在。

第十七套：

面阔 5 间，两间门的形式改变，两间门的形式没有改变，二层窗户的形式都没有改变，四间四扇窗，屋顶铺设板瓦，完整，南北两侧封火山墙存在。

第十八套：

面阔 4 间，这套房屋外立面改变严重，窗户没有一间是完整的，都有整改，门的形式也都改变，其中一间的立面贴了瓷砖，与整条街的整体风格极为不搭。屋顶板瓦完整，设有滴漏。南北封火山墙存在。

第十九套：

面阔 2 间，屋顶板瓦完整，但中间有变形，左边柱子上墙角有破损，墙体有变形，呈微弯曲，但不是很严重。

第二十套：

面阔 5 间，无封火山墙，屋顶板瓦完整，有简单的莲花装饰，柱子上也有

简单的装饰，每间皆无门槛，四间保留了原来的门的形式，一间被改变为木质的平开门。

第二十一套：

面阔 2 间，屋顶板瓦完整，有简单莲花装饰，柱子上有简单装饰，两边封火山墙存在，一层店铺，二层废弃，商业店铺不住人，冬天太冷；其次由于年久失修，内部除了已经改造的前店空间，可供商业运行，已无法居住。二层立面有局部变形。

第二十二套：

面阔 2 间，因商业及居住需求，内部吊顶，外立面保存相对完整，保留了传统的条形板门，门槛变形，二层有小变形，向后微微倾斜。屋顶板瓦铺设，但不全，局部有缺失。两边封火山墙存在。一层店铺，二层废弃。柱子上有小装饰。

第二十三套：

面阔 2 间，因为商业的需求，内部皆吊顶，立面一层门的形式都改变为木质平开门，二层原始的条形格子窗，封火墙存在，屋顶板瓦，柱子有微小的变形裂缝，有简单装饰。一层店铺，二层杂货间。两侧土墙破旧，土皮掉落。

小结：

老街南侧的建筑基本上都有一百多年历史，石条板铺门口台阶，外立面基本保存完整，高度上两层“明一暗二”，明间为店铺，暗间为储藏室；条形格子窗；屋面铺设板瓦，屋脊正中有简单装饰。

整条街南侧共有房屋 90 间，分给 59 家使用，其中民居 11 家，商业店铺 31 家，土特产店 10 家，餐饮及参观 4 家，发廊 4 家，卫生室 1 家，公共卫生间 1 间。

建筑存在变形的：11 间，房屋部分坍塌的：5 家（不包括由于改造而拆除的及废弃不用的），二层阁楼仍可使用的：1 家（高房子），条形门保留的：21 家，内部无吊顶的：5 家，窗户被改变的：3 家。

通过调查可以看到，沿街的房屋基本上保持了原貌，虽稍有改变，但影响不大，只是内部房屋有相当部分已被改为现代建筑或者成为危房，对民居的保护极为不利。

三、主街北侧建筑普查

第一套：

面阔 4 间，立面保存完整；山墙为砖墙，有高出屋檐的封火山墙，3 间为自有居住，一间为租赁作早点铺；高度上两层“明一暗二”，明间为店铺，暗间为储藏室；四扇格子窗；屋面铺设板瓦，屋脊正中有简单装饰；有封火山墙；传统样式的木条板门得到保留；房屋居住舒适度较低，年久失修，夏天较好，冬天太冷，房屋漏水、漏风，掉灰、掉老鼠、蛇，内部对天花顶进行了改造。

第二套：

面阔6间，立面严重不完整，由于火灾焚毁，现今剩下面阔两间，进深一间；原有封火山墙；传统样式的木条板门得到保留。

第三套：

面阔3间，两间为自住住宅，两间为店铺，一间是特产专卖，一间是自酿酒专卖；高度上两层“明一暗二”，明间是店铺，暗间是储藏室，带有四扇格子窗，一般不住人；屋面铺设板瓦，屋脊正中有简单装饰；有封火山墙；传统样式的木条板门得到保留，但左右开间门的形式已改变；房屋居住舒适度较低，年久失修，夏天较好，冬天太冷，内部对天花顶进行了改造。

第四套：

有二百多年历史，材质为土、木材质；立面已变形，柱子向东倾斜；立面面阔3间，两间为自住，一间为店铺，主业当地特色糕点；高度上有两层“明一暗二”，明间是店铺，暗间是储藏室，带有三扇格子窗，一般不住人；屋面铺设板瓦，屋脊正中有简单装饰；有封火山墙；传统样式的木条板门一个开间得到保留，两个开间已经改变；房屋居住舒适度较低，年久失修，夏天较好，冬天太冷，内部对天花顶进行了改造；对老房子持无所谓态度，政府怎样都行。

第五套：

有两百年左右的历史，材质为砖、土、木材质；立面保存完整；立面面阔3间，都是居住住宅，其中318将前店铺改为过道供出入，并用厚墙与其他开间相隔；高度上两层“明一暗二”，明间是门厅，暗间是储藏室，带有三扇格子窗，一般不住人；屋面铺设板瓦，屋脊正中有简单装饰；无封火山墙；传统样式的木条板门得到保留，中开间门形式已改变；房屋居住舒适度较低，年久失修，夏天较好，冬天太冷，内部对天花顶进行了改造。

第六套：

有两百多年的历史，立面保存完整；立面面阔2间，一间是中药铺，另一间是店铺，专卖炒货；高度上有两层“明一暗二”，明间是店铺，暗间是储藏室，带有两扇格子窗，一般不住人；屋面铺设板瓦，屋脊正中有简单装饰；无封火山墙；传统样式的木条板门得到保留；319居住舒适度较低，修缮不到位，内部传统天花顶被更改。320居住舒适度较高，修缮及时，内部传统天花顶得到保留；对老房子有感情，主张保护老房子以政府为主。

第七套：

有两百多年的历史，材质为土、木材质；立面已严重变形，向街道侧倾斜；立面面阔 3 间，一间是店铺，作为非物质文化遗产根雕艺术的展示，另两间是居住住宅；高度上有两层“明一暗二”，明间是店铺，暗间是储藏室，带有三扇格子窗，一般不住人；屋面铺设板瓦，屋脊正中有简单装饰；无封火山墙；传统样式的木条板门得到保留；居住舒适度较低，房屋年久失修，变形严重，存在各种问题，内部传统天花顶形式已改变；对老房子持政府应该出钱保护的态度，因本身对老房子有一定感情。

第八—九套：

有一百多年的历史，材质为土、木材质；立面保存较完整；立面面阔 3 间，全部是作为居住的一部分；高度上有两层“明一暗二”，明间是店铺，暗间是储藏室，带有两扇窗，中开间窗形式已改变，西开间窗户样式已改变，一般不住人；屋面铺设板瓦，屋脊正中有简单装饰；无封火山墙；传统样式的木条板门得到保留；居住舒适度较低，房屋年久失修，存在各种问题，内部传统天花顶形式已改变；对老房子持政府应该出钱保护的态度。

第十套：

有一百多年的历史，材质为砖、土、木材质；立面保存较完整；立面面阔 3 间，其中中开间作为共享的门厅，东开间是发廊，西开间是水族馆；高度上有两层“明一暗二”，明间是店铺，暗间是储藏室，带有三扇格子窗，一般不住人；屋面铺设板瓦，屋脊正中有简单装饰；无封火山墙；传统样式的木条板门得到保留；居住舒适度较低，房屋年久失修，出现各种问题，内部传统天花顶形式已改变；对老房子持无所谓态度，政府怎样都行，最好能保护。

第十一套：

有 200~300 年的历史，材质为砖、木材质；立面保存较完整；立面面阔 3 间，其中西开间作为特产专卖，中开间和东开间是餐饮；高度上有两层“明一暗二”，明间是店铺，暗间是储藏室，带有三扇格子窗，一般不住人；屋面铺设板瓦，屋脊正中有简单装饰；有封火山墙；传统样式的木条板门得到保留；居住舒适度较高，房屋修缮及时，内部保留传统的天花顶；持对老房子应该保护，政府和个人应该协同起来的态度。

第十二套：

有两百年左右的历史，材质为砖、木材质；立面保存较完整，339 号开有现代门窗；立面面阔 3 间，西开间和东开建是特产专卖，东开间是酒坊；高度上有两层“明一暗二”，明间是店铺，暗间是储藏室，带有三扇格子窗，一般不住人；屋面铺设板瓦，屋脊正中有简单装饰；有封火山墙；传统样式的木条板门得到保留；居住舒适度较低，房屋修缮不及时，内部保留传统的天花顶；认为对老房子应该保护，政府和个人应该协同起来，但应以政府为主。

第十三套：

有两百年左右的历史，材质为砖、木材质；立面保存较完整，但建筑整体向西倾斜；立面面阔 3 间，西开间和东开建是特产专卖，东开间是酒坊；高度上有两层“明一暗二”，明间是店铺，暗间是储藏室，带有三扇格子窗，一般不住人；屋面铺设板瓦，屋脊正中有简单装饰；有封火山墙；传统样式的木条板门得到保留；居住舒适度较低，房屋修缮不及时，内部保留传统的天花顶；认为对老房子应该保护，政府和个人应该协同起来，但应以政府为主。

第十四套：

有两百年左右的历史，材质为砖、木材质；立面保存较完整，梁架端正而山墙西斜；立面面阔 3 间，全部是店铺，做餐饮用途；高度上有两层“明一暗二”，明间是店铺，暗间是储藏室，带有三扇格子窗，一般不住人；屋面铺设板瓦，屋脊正中有简单装饰；有封火山墙；传统样式的木条板门得到保留；居住舒适度较低，房屋修缮不及时，内部保留有传统的天花顶；认为对老房子应该保护，政府和个人应该协同起来，但应以政府为主。

第十五套：

有一百多年的历史，材质为土、木材质；立面保存较完整，但梁架与山墙已经向西倾斜，建筑檐口已经变形；立面面阔 3 间，两间为店铺，用作十元店，一间为居住住宅；高度上有两层“明一暗二”，明间是店铺，暗间是储藏室，带有三扇格子窗，一般不住人；屋面铺设板瓦，屋脊正中有简单装饰；西侧无封火山墙；传统样式的木条板门得到保留；居住舒适度较低，房屋修缮不及时，内部传统的天花顶已被更改；对老房子持政府应该出钱保护的态度。

第十六套：

有二百多年的历史，材质为土、木材质；立面保存较完整，但梁架与山墙已经向西倾斜，建筑檐口已经变形；立面面阔 3 间，两间为店铺，用玉石和土特产生意，一间为居住住宅；高度上有两层“明一暗二”，明间是店铺，暗间是储藏室，带有三扇格子窗，一般不住人；屋面铺设板瓦，屋脊正中有简单装饰；有封火山墙；传统样式的木条板门得到保留；居住舒适度较低，房屋修缮不及时，内部传统的天花顶已被更改；对老房子持政府应该出钱保护的态度。

第十七套：

有二百多年的历史，材质为土、木材质；立面保存较完整，但梁架与山墙已经向西倾斜，建筑檐口已经变形；立面面阔 3 间，对开建进行了重新划分，分别用做手工作坊、入口过道和义兴和杂货店；高度上有两层“明一暗二”，

明间是店铺，暗间是储藏室，带有三扇格子窗，一般不住人；屋面铺设板瓦，屋脊正中有简单装饰；有封火山墙；传统样式的木条板门得到保留；居住舒适度较低，房屋修缮不及时，内部传统的天花顶得到保留；对老房子持政府应该作为先导者与主导者的态度。

第十八套：

有一百年左右的历史，材质为砖、土、木材质；立面保存不完整，367 住宅将立面改建成砖石形式，梁架与山墙已经向西倾斜，建筑檐口已经变形；立面面阔 2 间，一间为艺术作坊麦秸画，一间为居住住宅；高度上有两层“明一暗二”，明间是店铺，暗间是储藏室，带有两扇格子窗，一般不住人；屋面铺设板瓦，屋脊正中有简单装饰；西侧无封火山墙；传统样式的木条板门得到保留；居住舒适度较低，房屋修缮不及时，内部传统的天花顶已被更改；对老房子持政府应该出钱保护的态度。

第十九套：

有一百多年的历史，材质为土、木材质；立面保存较完整，但梁架与山墙已经向西倾斜，建筑檐口已经变形，木椽损坏；立面面阔 3 间，3 间全为店铺，分别用做桂花苑餐饮、针织店和百货店；高度上有两层“明一暗二”，明间是店铺，暗间是储藏室，带有三扇格子窗，一般不住人；屋面铺设板瓦，屋脊正中有简单装饰；无封火山墙；传统样式的木条板门得到保留；居住舒适度较低，房屋修缮不及时，内部传统的天花顶 371、372 已被更改，只有 370 保存原样；对老房子持政府应该出钱保护的态度。

第二十套：

有一百年左右的历史，材质为砖、木材质；立面保存较完整，建筑檐口已经变形；立面面阔 1 间，做豆腐店生意；高度上有两层“明一暗二”，明间是店铺，暗间是储藏室，带有一扇格子窗，一般不住人；屋面铺设板瓦，屋脊正中无简单装饰；无封火山墙；传统样式的木条板门得到保留；居住舒适度较低，房屋修缮不及时，内部传统的天花顶已被更改；对老房子持政府应该出钱保护的态度。

第二十一套：

有一百年左右的历史，材质为砖、木材质；立面保存较完整，建筑檐口已经变形；立面面阔 1 间，用做小吃店；高度上有两层“明一暗二”，明间是店铺，暗间是储藏室，带有一扇格子窗，一般不住人；屋面铺设板瓦，屋脊正中无简单装饰；无封火山墙；374 传统样式的木条板门形式已改变；居住舒适度较低，房屋修缮不及时，内部传统的天花顶已被更改；对老房子持政府应该出钱保护的态度。

第二十二套：

有一百年左右的历史，材质为土、木材质；立面保存较完整，但梁架与山墙已经向南向后倾斜；立面面阔 3 间，3 间全为店铺，分别用做工艺品售卖、玩具售卖和理发；高度上有两层“明一暗二”，明间是店铺，暗间是储藏室，带有三扇格子窗，一般不住人；屋面铺设板瓦，屋脊正中有简单装饰；无封火山墙；传统样式的木条板门没有得到保留；居住舒适度较低，房屋修缮不及时，内部传统的天花顶已被更改；对老房子持政府应该出钱保护的态度。

第二十三套：

有一百多年的历史，材质为土、木材质；立面保存不完整，梁架与山墙已经向南向后倾斜，木椽损坏；立面面阔 4 间，3 间全为店铺，分别用做工艺品售卖、裁缝店和室内装饰，一间为居住住宅；高度上有两层“明一暗二”，明间是店铺，暗间是储藏室，带有三扇窗，窗的传统形式已改变，一般不住人；屋面铺设板瓦，屋脊正中有简单装饰；无封火山墙；传统样式的木条板门得到保留；居住舒适度较低，房屋修缮不及时，内部传统的天花顶已被更改；对老房子持政府应该出钱保护的态度。

第二十四套：

有一百多年的历史，材质为土、木材质；立面保存不完整，梁架与山墙已经向南向后倾斜，木椽损坏；立面面阔 4 间，四间全为店铺，分别用做待出租、杂货、特产专卖和手工作坊；高度上有两层“明一暗二”，明间是店铺，暗间是储藏室，带有一扇格子窗窗，三个开间已经没有窗，一般不住人；屋面铺设板瓦，屋脊正中有简单装饰；无封火山墙；传统样式的木条板门得到保留；居住舒适度较低，房屋修缮不及时，内部传统的天花顶已被更改；对老房子持政府应该出钱保护的态度。

第二十五套：

有一百多年的历史，材质为土、木材质；立面保存不完整，梁架与山墙已经向南向后倾斜，檐口变形，木椽损坏；立面面阔 3 间，3 间全为店铺，分别用做刻章、窗帘售卖；高度上有两层“明一暗二”，明间是店铺，暗间是储藏室，已经没有窗，窗的传统形式已改变，带两扇格子窗，一般不住人；屋面铺设板瓦，屋脊正中有简单装饰；无封火山墙；传统样式的木条板门得到保留；居住舒适度较低，房屋修缮不及时，内部传统的天花顶已被更改；对老房子持政府应该出钱保护的态度。

第二十六套：

有一百多年的历史，材质为土、木材质；立面保存较完整，但梁架与山墙已经向南向后倾斜，檐口变形，木椽损坏；立面面阔 2 间，全部为店铺，做裁缝生意；高度上有两层“明一暗二”，明间是店铺，暗间是储藏室，带凉山格子窗，窗的传统形式没有得到保留，一般不住人；屋面铺设板瓦，屋脊正中有简单装饰；无封火山墙；传统样式的木条板门得到保留；居住舒适度较低，房屋修缮不及时，内部传统的天花顶已被更改；对老房子持政府应该出钱保护的态度。

第二十七套：

有一百多年的历史，材质为土、木材质；立面保存较完整，但梁架与山墙已经向南向后倾斜，檐口变形，木椽损坏；立面面阔 3 间，两间是居住住宅，一间是店铺，做童装生意；高度上有两层“明一暗二”，明间是店铺，暗间是储藏室，带有三扇格子窗，窗的传统形式得到保留，一般不住人；屋面铺设板瓦，屋脊正中有简单装饰；无封火山墙；传统样式的木条板门没有得到保留；居住舒适度较低，房屋修缮不及时，内部传统的天花顶已被更改；对老房子持政府应该出钱保护的态度。

第二十八套：

有一百多年的历史，材质为土、木材质；立面保存较完整，但梁架与山墙已经向南向西向后倾斜，檐口变形，木椽损坏；立面面阔 4 间，全部是店铺，分别作服装、餐饮和理发生意；高度上有两层“明一暗二”，明间是店铺，暗间是储藏室，带有四扇格子窗，窗的传统形式得到保留，一般不住人；屋面铺设板瓦，屋脊正中有简单装饰；东无封火山墙，西侧有封火山墙；传统样式的木条板门 3 间得到保留，餐饮开间门形式已改变；居住舒适度较低，房屋修缮不及时，内部传统的天花顶已被更改；对老房子持政府应该出钱保护的态度。

第二十九套：

有一百多年的历史，材质为土、木材质；立面保存较完整，但梁架与山墙已经向南向西向后倾斜，檐口变形，木椽损坏；立面面阔 2 间，全是店铺，做服装生意；高度上有两层“明一暗二”，明间是店铺，暗间是储藏室，带有两扇格子窗，窗的传统形式得到保留，一般不住人；屋面铺设板瓦，屋脊正中有简单装饰；有封火山墙；传统样式的木条板门得到保留；居住舒适度较低，房屋修缮不及时，内部传统的天花顶已被更改；对老房子持政府应该出钱保护的态度。

第三十套：

有一百多年的历史，质为土、木材质；立面保存较完整，但梁架与山墙已经向南向西向后倾斜，檐口变形，木椽损坏；立面面阔 2 间，全是店铺，分别作文具和洗发水售卖；高度上有两层“明一暗二”，明间是店铺，暗间是储藏室，带有两扇格子窗，窗的传统形式得到保留，一般不住人；屋面铺设板瓦，屋脊正中有简单装饰；有封火山墙；传统样式的木条板门得到保留；居住舒适度较低，房屋修缮不及时，内部传统的天花顶已被更改；对老房子持政府应该出钱保护的态度。

总结：

街道由三十道封火山墙组成，现有 11 段有，19 段无，变形的 16 段。街道由 87 个开间组成（焚毁 5 间），其中商业部分有 62 开间，53 家。在商业部分与旅游相关的有 32 开间，24 家，其中酒坊 2 家，餐饮 6 家，土特产 6 家，非物质遗产 3 家，其他的 9 家（不包括私自摆摊售卖特产）。内部传统天花顶保留的有 16 间，木条板门形式改变的有 5 间，窗户被改变的有 5 间。

第四节　典型院落分析

一、总体特征

古镇的民居大多是两进或三进的天井院。天井是一种以天井为中心构建的围合或半围合建筑，屋顶四周坡屋面围合成敞顶式空间，形成一个漏斗式的井口，类似北方四合院，不同的是建筑的中心不是院子，而是天井（见图 3. 29）。

图 3. 29　天井

1. 形制

民居以天井为中心，四周由建筑围合。平面布局为长方形，纵向排列，有两进或三进不等。

2. 建造

民居采用传统的砖木混合结构，屋架为抬梁式，正房采用五檩梁架（见图 3. 30），厢房采用三檩梁架（见图 3. 31）；硬山屋面，仰瓦屋面，盖小青瓦；有土坯墙体、青砖墙体、砖石土坯混合墙体等做法；砖砌地面。

图 3. 30　正房五檩梁架

图 3. 31　厢房三檩梁架

3. 装饰

天井院室内装饰考究华美，多利用建筑构件雕刻成各种瑞兽，如麒麟、凤凰、鹿等动物雕塑，或者植物花卉，如梅兰竹菊、牡丹等，形成有主有从，有照应、有节奏的雕刻风格。在微妙变化的空间中，注重整体的浑然气势，传神达意，着意表现神采意蕴，通过夸张和变形的手段，突显出传统人文精神、哲学意蕴和审美内涵。

4. 成因分析

古镇所处地区属于秦岭南麓，夏季多雨，光照强烈，气候炎热潮湿。天井院式建筑，在有效遮挡阳光的同时，又不会影响室内采光。

二、孟家大院

1. 院落背景

孟家大院位于凤凰古镇主街中间最繁华的地段，始建于清道光三十年(1850)，是奉祀生孟天元建造，其字号为“长发其祥”丝绸庄。明清时期主要经营绸缎、酿酒等，整个院落保存完整，院深百米，现有水磨坊、古水井和风火山墙，自清至今的老字号，贸易兴隆，是地方上“名门望族”亚圣孟子后裔在古镇所兴建的宅院之一。有人赞曰：社川之首长发祥，人兴财旺大吉昌。孔孟同堂千夫至，历史记载永无疆。

现存的宅院由于后来分家时对内部格局做了改动，造成了一定的破坏。

2. 平面布局

孟家大院是典型的前店后宅式格局，坐北朝南，规模较大，由两进并列式天井院落组成，形成两条并列的纵轴线。建筑平面布局的单元以天井为中心，四面有建筑围合(见图3.32)。

孟家大院两进院落，均为二层建筑。第一进院落主要是商业部分，沿街

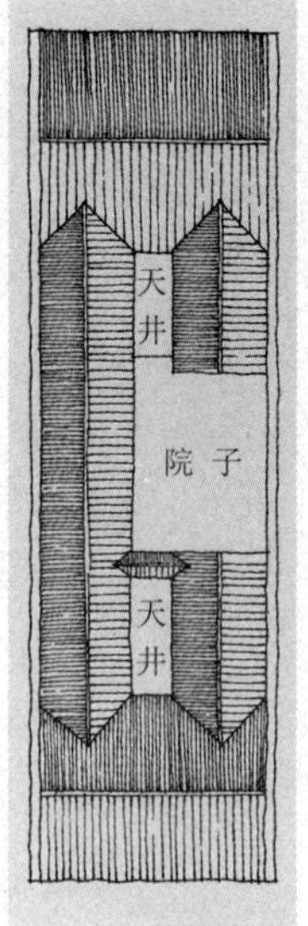

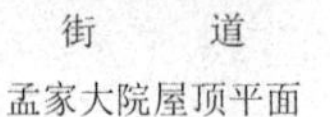

孟家大院屋顶平面

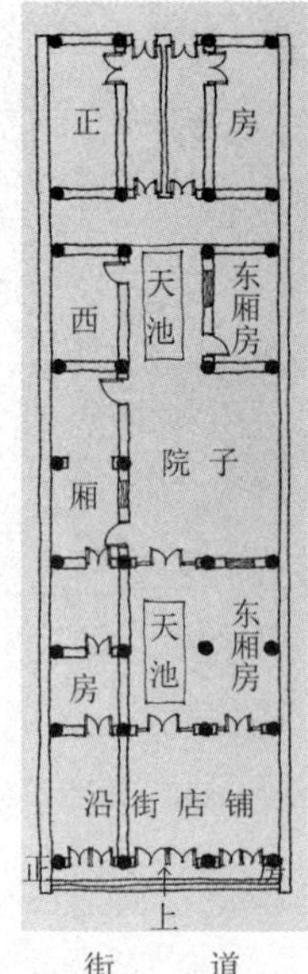

孟家大院一层平面

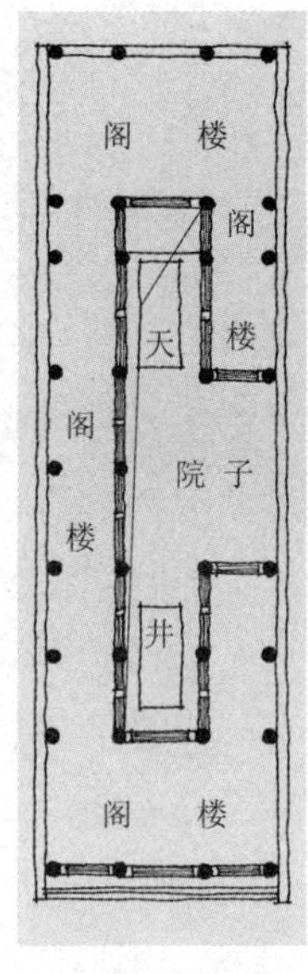

孟家大院阁楼平面

图3.32 孟家大院平面布局

开门，为面阔 3 间的店铺，明间略宽，约为 3.4 m，左右两次间相同宽，约为 2.9 m，进深 5.2 m。平面上有 8 根柱子，再向内是窄长的天井院（见图 3.33），两侧有厢房；中轴线上是大厅，是前面商铺和后面住宅中间的过渡；第二进院落是住宅部分，中间也有天井（见图 3.34）。

图 3.33　孟家大院内景

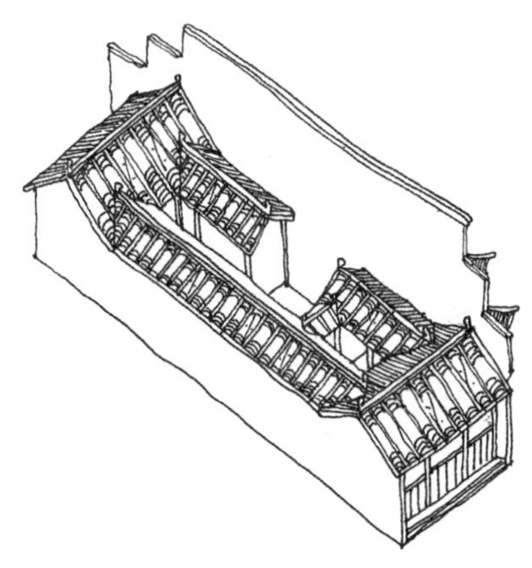

图 3.34　孟家大院轴测示意图

3. 建筑结构与材料

建筑采用砖木混合结构，梁架采用穿斗式与抬梁式结合的木构架，屋顶采用两坡硬山顶形式，其上铺设青瓦，前后檐全部镶有滴水瓦。山墙上方向外弧形突出，檐角勾起，鱼尾翘起，形成花墙飞檐，精巧灵秀。

4. 建筑外观

建筑屋顶均采用两坡硬山顶形式，铺小青瓦，厢房的屋顶比中轴线上的正房稍低，并与正房屋顶十字相交（见图 3.35）。院子东西两山面有高出屋顶的封火山墙，随屋顶的斜坡面层层迭落而呈阶梯形（见图 3.36）。

建筑主体有色彩鲜明、生动丰富的装饰，如房屋正面墙上方，靠街面的前堂上方的棂窗、正堂和厢房的格子门窗，都雕有佛、道、儒家象形图案和文字。图案多为二龙戏珠、龙凤呈祥、麒麟送子、天女散花等，以及“吉、寿、福、禄、双喜”字样，充分构造吉祥如意、和气喜庆的美好人文氛围，和对未来美好希望的寄托（见图 3.37）。

图 3.35　孟家大院外观

图 3.36　封火山墙

图 3.37　精美的隔扇门

屋脊和屋脊两侧都雕饰以莲花、鱼水波纹，蕴含江南水乡稻香、鱼肥、莲美的美好寓意，也带有吉庆有余、富贵长寿之意。

三、丰源和古钱庄

1. 院落背景

“丰源和钱庄”位于凤凰古镇古街中部，建于清道光二十四年（1844），由湖北籍张源出资修建。此时中国正处于第一次鸦片战争之际，最后清政府付出割地赔款的屈辱代价。张源从山阳县来到此地，在古镇西北的小岭镇马耳峡大银矿山（现陕西银矿）掘洞炼粗银，再运到武汉银币铸造厂，精制元宝、银元送往朝庭赔款。张源造银发财之后，迅速拓展经营资本，先后在山阳、商县、蓝田葛牌镇等处设立分号，有七十二分号之说。其后人张合亭以银钱捐任道台，民谣说“合亭从家到西安，沿途不歇他人店。”钱庄的势力可见一斑。

张源在造银钱的同时，用细白布印制钱票，俗称“鎏子”，在上面加盖图章并熬炼桐油涂染，票面有一、贰、伍、拾串文数种，折抵现额投放，随时可以兑现。张合亭出任道台一职后，官商合一，将“丰源和钱庄”更名为“张合亭钱庄”。

张源子孙生活腐化，不事生产，家道败落。至民国二十年（1931），钱庄的各处分号俱为管理人侵蚀一空。

民国十四年（1925），北洋军阀刘镇华部驻防凤凰镇，镇压神团，残害百姓，官绅兵痞，拥武称霸，地方武装乱如牛毛。“张和亭钱庄”在无力维持下，拍卖给山阳县天主教神甫马冀笃（意大利人），为传授天主教之用。天主教只承认天主，此外不信他神，与当地道教相悖，难以发展教徒，后来自行撤离。

民国十九年（1930），在原“张和亭钱庄”所在宅院，创办了镇安东二区第五高级小学。民国二十五年（1946）该校改称“凤镇中心国民学校”，民国三十五年（1946）改称“凤镇中心国民小学”。1958 年中小学搬迁校址，校产卖给供销社用作招待所。1997 年秋，此宅再次被拍卖，成为民宅。随着旅游发展，现在是饭馆（见图 3. 38）。

图 3. 38　钱庄做饭馆

2. 平面布局

钱庄原本是两进的天井院落，第二进院落已经重建为现代建筑，只有前面一进院落被完整地保存下来（见图 3. 39）。

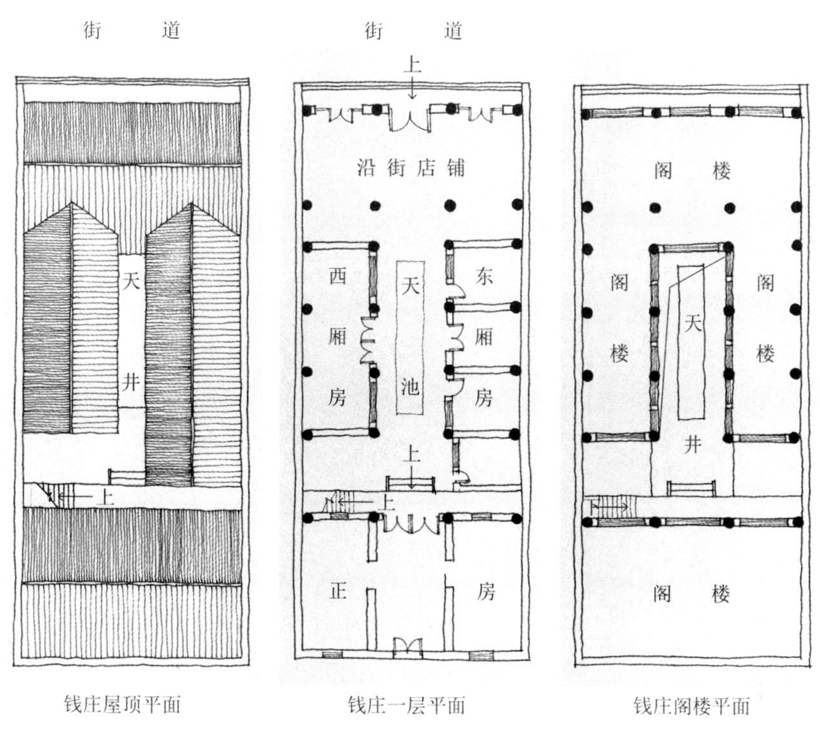

图 3. 39　钱庄平面布局

3. 立面

钱庄是整个古街中少有的立面采用青砖的建筑，因为建筑用途的特殊性，所以对于它的安全性能有很大的要求。墙体也较厚，在实际测量中发现墙厚有 400 mm。外形与其他建筑相比，显得更加稳重（见图 3. 40）。

倒座原为两开间加一开间厢房，现在已经将东边的厢房全部打开，使得三开间连通开放，用作休憩餐饮。

4. 天井

凤凰街民居中普遍种植各种观赏性、实用性植物，它们构成了凤凰街民居装饰的另一个特色。凤凰街民居的倒座多为商业用途，进入院落中的第一个天井院具有半公共的交流空间性质，多用砖石铺地，加上一般形状窄长，很少种植植物，多采用盆栽植物进行装饰。

天井中常常会有水，原因是天井古时除了采光之外就有排水和蓄水的功能，其次，凤凰古镇的建筑融入南方徽派建筑风格，讲究四水归堂，屋顶内测的雨水从四面流入天井，寓意水聚天心，也有肥水不流外人田之意（见图 3.41）。

图 3.40　钱庄外观

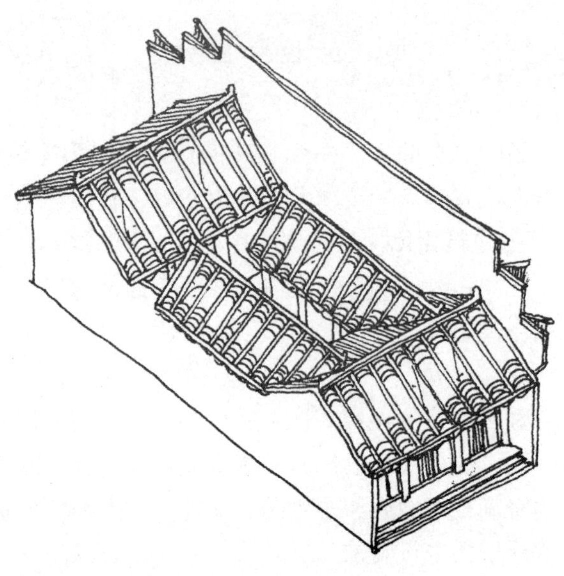

图 3.41　钱庄轴测示意图

5. 装饰艺术

（1）木雕。钱庄中值得一提的便是东西厢房的门窗了，东边厢房门上面的隔扇，每一扇都是我们现代的简体字“喜”，若将门关起来每两扇门则构成“囍”，寓意双喜临门。西厢房门上的隔扇则构成“寿”字，寓意万寿无疆，古人将这种美好的寓意实实在在地反映在了建筑设计的细节中（见图 3.42）。

图 3.42　隔扇上的“寿”

正房的上方木雕为“双龙戏珠”，而正房对面的阁楼木雕则为如意头，都是一种富贵的象征。木雕集中在建筑的屋顶、墙身等部位，图案造型以祈求家宅平安的类型为主题。

（2）抱鼓石。在进入正方的台阶两旁是清朝晚期的抱鼓石，由花岗岩制成，东侧鼓面是倡导儒家学说的标志，阳刻“麒麟吐书”图案；西侧是凤凰镇标志，阳刻百鸟之王雄风，并有“丹凤朝阳”“凤戏牡丹”，为司马相如所著琴歌中“凤求凰”的图案，两鼓背面是“博古图”阳刻”“书香门第开”“学而优则仕”（见图 3.43）。

院内还存有一块大清光绪十七年立的“奉示禁赌”碑一块，高 140 cm，宽 94 cm，厚 4 cm，阴刻文字“禁毒为朝廷之首禁议处警戒，莫忘嗣后”等警示语。

图 3.43　抱鼓石

四、康家大院

1. 院落背景

这里是清代康子怀建造的自家宅院。中华人民共和国成立后成为当地政府机关，2000 年以后拍卖，重新为民宅。

2. 平面布局

康家宅院建筑规模较大，现状为两进天井院。院落主入口朝南，倒座面阔 3 间，当心间为 3.9 m，次间为 3.2 m，进深 5.1 m，不用来开店，故当心间为过厅。平面上有 8 根柱。木构架上采用抬梁式构架。两侧的厢房为三开间，宽度分别为 3.8 m、3.8 m 和 1.6 m，进深为 3.2 m，单坡硬山顶。

中间过厅面阔 3 间，当心间与次间同，均为 3.8 m。平面上有 12 根柱。木构架上采用抬梁式构架。西侧有后来加建部分。最后一进院落正房，明显高出两侧厢房。面阔 3 间，当心间与次间同，均为 3.9 m。屋顶使用两坡硬山顶，两侧有高于屋顶的封火山墙（见图 3.44）。

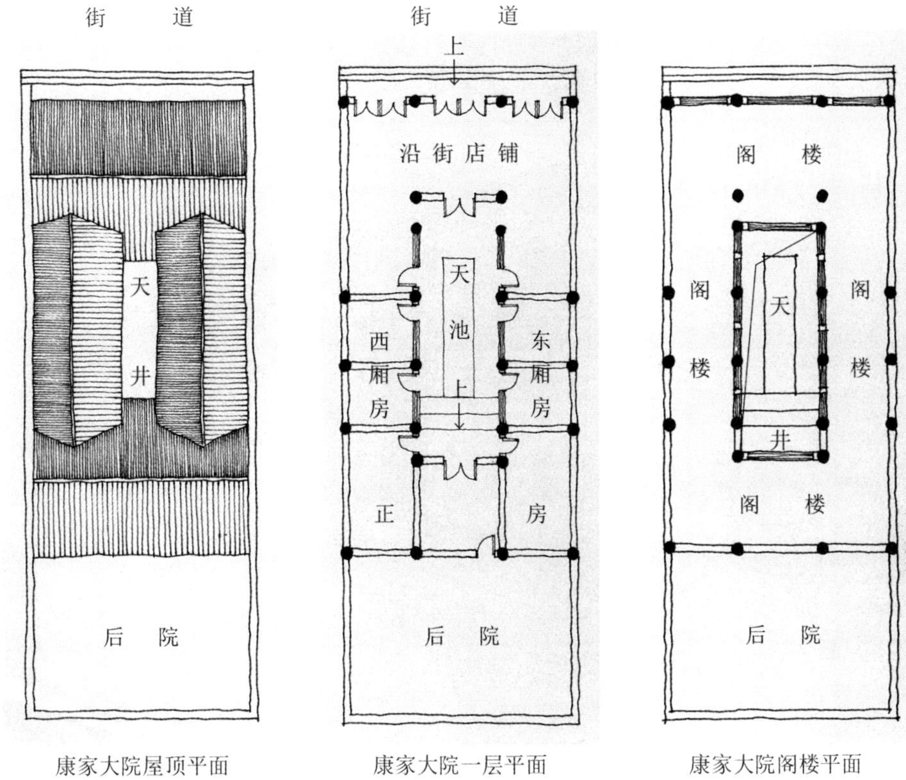

康家大院屋顶平面　康家大院一层平面　康家大院阁楼平面

图 3.44　康家大院平面布局

康家大院现将东西与倒座相连的厢房打通，共同形成较大的空间进行餐饮商业活动，值得一提的是倒座以及厢房的梁家结构并没有采用现代吊顶技术，而是裸露出来展现出最初木构架的样子。

3. 立面

康家大院现名为盛发客栈，立面三开间，用柱子承重，其余地方为木门板，有封火山墙，门前当心间正前方有两个石狮子像，显示出了宅院在当地的地位以及威严。屋顶使用两坡硬山顶，小青瓦。两侧有高于屋顶的封火山墙（见图 3.45）。

4. 内院天井

与钱庄相似的，康家大院也是继承了徽派建筑的设计理念——“四水归堂”。在一进院落的内庭院形成了较大的天井，而且天井的长度一直延伸到了进入正房的踏步，可以说是彻彻底底地贯彻了“四水归堂”“肥水不流外人田”的理念，天井内部种有植物，给整个建筑带来生机和活力（见图 3.46）。

图 3.45　康家大院外观

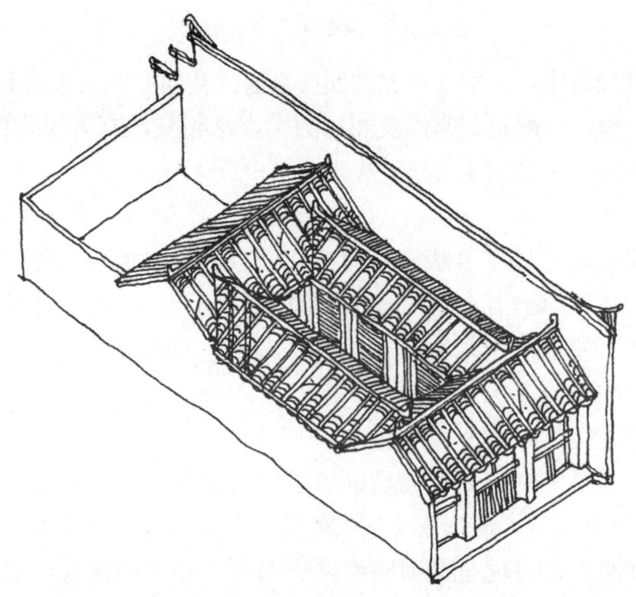

图 3.46　康家大院轴测示意图

5. 厢房

康家大院原本为东西各为三开间的厢房，现在与倒座相连的厢房已经与倒座相连通，所以东西现在各自只剩两间厢房，且均为主人家自用，未投入商业使用。和钱庄的厢房相对比之下，如果说钱庄的厢房的“双喜临门”、“万寿无疆”表现得是大户人家的大气蓬勃康健之意，那么康家大院则实实在在的表现的是精致的细致入微的生活感情。不论是窗户还是门尺度都不如钱庄那样大气，而是根据人的活动尺度来设计的，窗户也是小小的只有一点点，但是一切却又是做工精细的，无论是颜色还是花纹，都规整对称有着平淡美好的寓意，康家大院从厢房这里就可以体现出设计者当初的给建筑本身赋予的精致的寓意。

五、茹聚兴药行

1. 院落背景

茹聚兴药行建于清道光壬寅年（1842），最初名为“永盛和”药店，后为名医茹含林收购，更名为“茹聚兴”药铺。至今已有一百多年的历史，也是古镇上唯一一家仍在经营的老字号。

茹含林，原籍山阳县，清咸丰庚申年（1860）带着三个孩子来到凤凰古镇。最初以生产染布、鞭炮、烧酒等为生，后来收购了永盛和药行，更名为茹聚兴药行。茹含林通过养殖熊、蛇以及栽植各种名贵药草，炮制成药，治病救人，深受当地民众爱戴。到了民国年间，由于政局不稳，药行曾先后数次停开，中华人民共和国成立后，从 1955 到 1978 年，药行主人茹德寿被打为黑帮分子，铺子被收归集体所有，直到 1978 年改革开放后，茹德寿才重新开办药行。如今，茹德寿的次子继承祖业，继续经营药行。

2. 平面布局

茹聚兴药行建筑规模较大，采用传统的中轴对称格局，坐南朝北，为三开三进天井院，属于前店后宅形式，整个建筑在高度和体量上要比普通民居高大一些。

前面是店铺，位于院落的最北端，面阔 3 间，各间尺寸相同，通面阔 9. 60 m，两侧有高于屋顶的封火山墙。两侧的厢房为两开间，宽度分别为 3. 2 m 和 2. 8 m，进深为3. 5 m，单坡硬山顶。中间正房面阔 3 间，均为 3. 5 m，进深 6. 7 m。屋顶使用两坡硬山顶，小青瓦。

向南为第二进天井院，两侧的厢房为两开间，宽度分别为 3. 5 m 和3. 8 m，进深为 3. 5 m，单坡硬山顶。南正房面阔 3 间，均为 3. 5 m。进深4. 9 m（见图 3. 47）。屋顶使用两坡硬山顶，小青瓦。

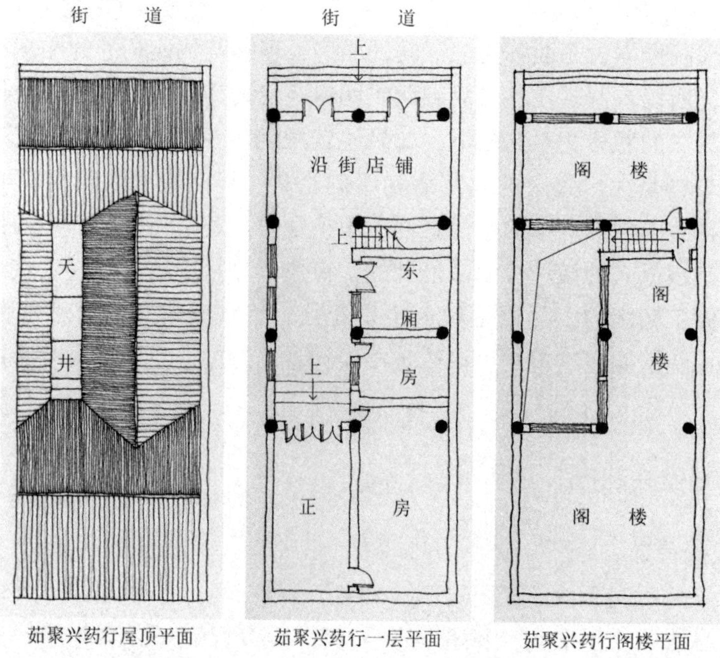

图 3.47　茹聚兴药行平面布局

3. 外立面

茹聚兴的外立面面阔 3 间，均为漆黑的条形板门，便于拆卸和安装。板门上方有雕花的横长形花窗，充分的利用檐下空间补足的室内空间。次间也采用板门，使院落邻街的一面完全对外敞开，满足了商业功能的要求（见图 3.48）。

图 3.48　茹聚兴药行外观

4. 天井和厢房

茹聚兴根据“四水归堂”的设计理念，院内中央为天井以及水池，但是随着后来的分家活动，内院变得狭小，不能满足人的活动尺度以及生活需要，所以现在主人已经将水池完全用木板遮盖起来供人们平时行走交通使用（见图 3.49）。

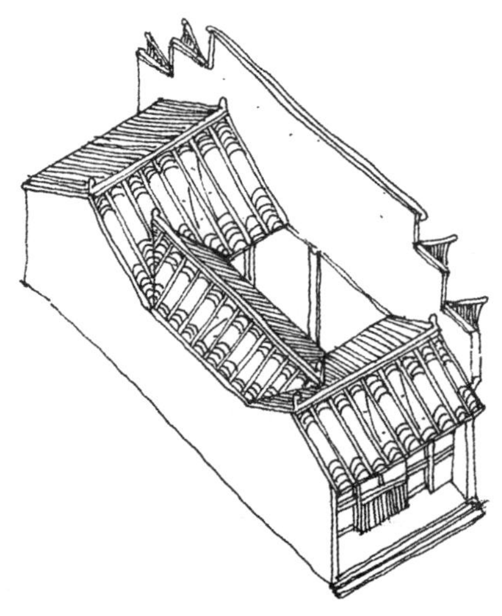

图 3.49　茹聚兴药行轴测示意图

厢房为砖木混合结构，完整保存的是西厢房，东厢房已经分割出去，厢房所采用的门窗结构也已经失去了当初的原样，变为了很现代的样子，只有二层的阁楼完好无损。

六、长盛祥

新春村 347 号，始建于清康熙年间，是一家商铺。中华人民共和国成立后成为当地政府机关，2000 年以后拍卖，重新成为民宅，现由一郭姓人家居住。

1. 平面布局

这座建筑是一座典型的前店后宅式建筑，规模较大，由两进天井院落组成。建筑平面布局的单元是以天井为中心围合的院落，高宅、深井、大厅，按功能、规模、地形灵活布置，富有韵律感。院落主入口朝南，倒座面阔 3 间，当心间稍宽，为 3.9 m，左右两次间相同宽，为 3.4 m，进深 5.0 m。如果不用来做沿街店铺，则当心间为过厅。平面上有 8 根柱（见图 3.50）。

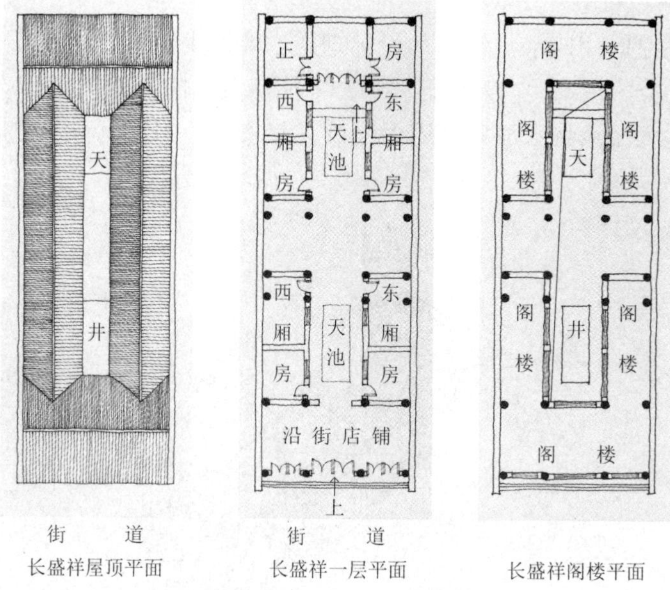

图 3.50 长盛祥平面布局

2. 立面

建筑梁架构造采用穿斗式与抬梁式结合的木构架形式，屋顶采用两坡硬山顶形式，其上铺设青瓦。两侧有高于屋顶的风火山墙，随屋顶的斜坡面层层迭落而呈阶梯形，墙顶挑三线排檐砖，上覆以小青瓦，并在每只垛头顶端安装博封板（见图 3.51）。

图 3.51 长盛祥外观

3. 院落空间形态

整组院落两进三开，逐层升高。狭长的平面布局，陡峭的双坡屋顶及其更接近于南方的建筑形式，总体上限定了凤凰街民居的空间序列、空间形态及其细部建筑装饰的比例尺度。作为合院制的民居，从入口经外院、内院到正房形成了一个完整的空间序列。随着空间的深入，从入口经院落到正房，两侧厢房的高度逐渐增加，空间愈加封闭。同时因为厢房、倒座的单面坡顶及正房的披檐均朝向内院，使得这种封闭的趋势逐渐加强，院落空间显得更加紧凑局促（见图 3. 52）。

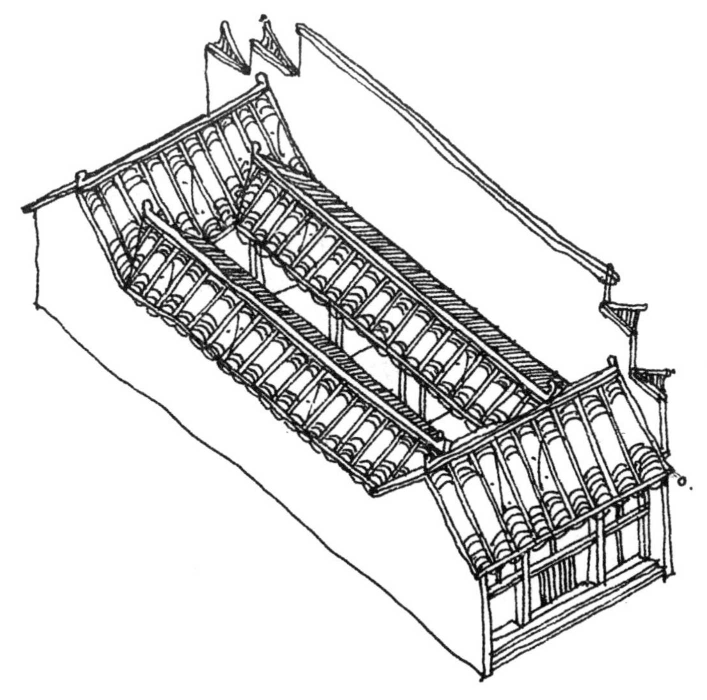

图 3. 52　长盛祥轴测示意图

正房是整个从入口到正房空间序列的结束，也是整组院落的高潮所在。为了突出其特有地位，在空间尺度上有别于其他房间，常在正房的屋脊设置砖雕。砖雕的内容通常与水有关，有的雕刻成鱼鳞状，正脊两端雕有鱼尾状图案；有的整个正脊的图案就是水纹状，有的正脊中央用瓦拼砌成莲花状。既包含了镇压火势、祈求家宅平安的美好愿望，又以含蓄的手法突出了正房作为主体建筑的重要性。

穿过沿街店铺，进入天井院落，东西两侧厢房面阔都为四间，宽度分别为 3. 9 m、5. 2 m、4. 1 m和3. 9 m，屋顶形式为单坡硬山顶。上下两层皆有木质铆合的立架式构件，上下左右联结成一个整体。基部用石头、青砖砌基，沿坎铺设青石条，结实耐磨。厢房上面也可以用来居住。

中间过厅面阔 3 间，当心间与次间相同，均为 3.5 m。平面有 12 根柱。梁架构造采用抬梁式木构架结构，屋顶采用两坡硬山顶形式，用的材料是小青瓦。西侧有后来加建部分。

最后一进院落为正房，明显高出两侧厢房。面阔 3 间，当心间与次间相同，均为 3.6 m。屋顶采用两坡硬山顶形式，两侧有高于屋顶的风火山墙。

4. 装饰构件

屋脊上的吻兽造型与官式作法有所区别，属徽派特色。且有许多有趣的传说。如正吻：指正脊两头口衔屋脊的。鳌鱼（龙鱼），其起源比较原始，据《三辅黄图》载，汉武帝修建柏梁殿，遭火殃，方士说："南海有鱼虬，水之精，激浪降雨，作殿吻，以镇火殃。"正吻就由此产生沿袭下来。又如垂脊吻：位于同正脊相垂之脊头的人物饰件，称"仙人"。究竟指哪位仙人，则说法不一。民间常有姜大公在此"镇妖捉祟"之说。亦有指大禹"因恐屋脊聚鳌鱼太多，怕鳌鱼翻身易发大水成灾，必须有所制约"，故请"禹王"镇守。还说是劈山救母的大力士"二郎神"，脊上立兽为"哮天犬"，其意也是二郎神在此镇邪捉妖。诸种说法皆为庇护平安，寄寓生生不息之吉意。

第四章　建筑装饰艺术

传统建筑具有很高的文化和艺术价值，这在建筑装饰，包括装饰题材、质地、色彩、式样等方面都有所体现。很多地方的民居都会用精巧自由的砖木雕刻、原木本色、青砖小瓦，体现出独特的装饰艺术。

传统建筑的装饰大多与建筑结构紧密结合，有着极大的实用价值，例如，花格窗上的图案除了美观外还有利于糊纸夹纱，屋顶吻兽可以对屋面提供保护，油饰彩画能对木材加以保护。古镇上的民居建筑装饰素雅，虽无宫殿建筑装饰的华丽，但与自然环境相互协调，带有浓郁的地域文化特色（见图 4.1）。

图 4.1　古镇民居外观

第一节　装饰意匠

一、历史文化的影响

凤凰古镇位于山清水秀的自然环境之中，资源丰富，再加上拥有便利发达的水陆交通，使凤凰古镇成为这一带地区经济繁荣的商埠大镇。尤其是明清时期，这里连通了陕西关中地区到湖北江汉平原地区之间的贸易往来，也吸收了秦、楚、湘等地的建筑特色和社会风俗，形成了多元化的地域文化特色，这在古镇的装饰艺术上也有所体现，从装饰材料的选择，到装饰题材的选择，都从一定角度反映出当地的民风民俗，具有较高的建筑装饰艺术价值。

二、古镇色彩

凤凰古镇四周山环水绕，山上植被茂盛，常年郁郁葱葱，河水清澈，再加上蓝天白云，展示出了一幅天然的美丽风光。古镇的色调质朴典雅，青色的石板路，或白或灰的砖墙，立面上黝黑的条形板门和土瓦，与周边的自然环境形成鲜明的对比，却又互为映衬，融为一体，充满了田园风光之美（见图 4.2）。

图 4.2　街景

古镇的主街凤凰街体现了古镇主要的建筑风貌。老街装饰丰富，起伏多变的封火山墙，石头基层并混合着茅草的土坯墙（见图 4.3），饱经风霜的梁架（见图 4.4），做工考究的雀替，精雕细琢的隔扇心等等。在阳光照耀下，形成丰富的光影效果，再加上青天白云，历史与现代在这里交汇，形成一道独特的风景。

图 4.3　土坯墙

图 4.4　梁架

三、装饰题材

古镇的建筑处处都有装饰，装饰题材种类多样，大多运用象征、隐喻、谐音等手法，来传达其丰富的文化内涵。

1. 几何图案

几何图案是古镇中运用最多的一类，这是因为几何形状施工方便、节约材料。这类纹饰是由各种直线和曲线组合而成的方形、圆形、六角形、八角形、十字形以及冰裂纹、斜向纹等多种几何纹理。经过一定规则的排列最终形成规则或不规则图形，有强烈的秩序感和韵律感，在门窗的花心部分常常使用（见图 4.5）。

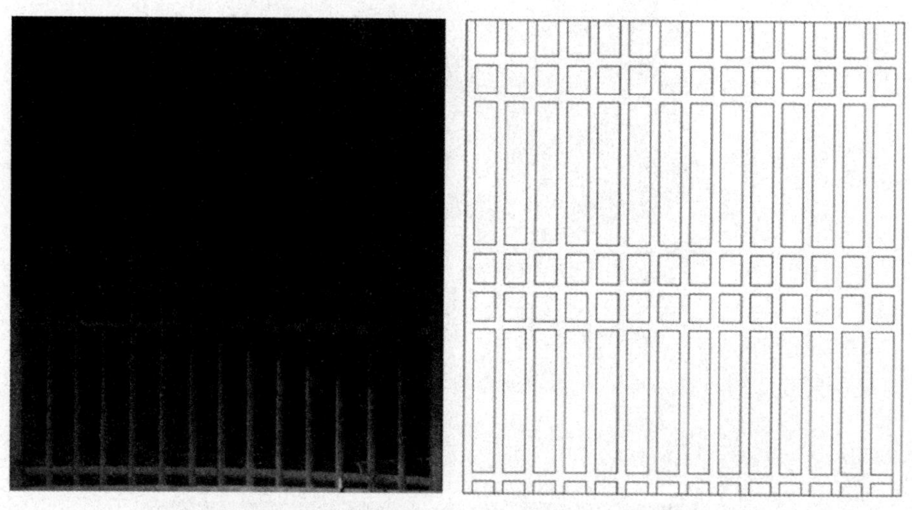

图 4.5　几何图案

2. 吉祥图案

吉祥图案是我国古代装饰图案的重要组成部分，这些图案本身，尤其是它们的组合，都带有吉祥的寓意。它是将吉祥语和图案完美地结合的艺术形式，在民居建筑中流行甚广，也是我国世代劳动人民为追求美好生活而创造出来的，是我国古代劳动人民智慧的结晶。

吉祥图案通常是利用花卉、鸟兽、人物、器物，甚至是字体等形象，表现或组合表现出不同的吉祥意义，有借喻、有比拟，有双关，有谐音，有象征，总之都是为了表现出“吉祥”的寓意，寄托了人们的美好愿望。例如，喜上眉梢、松鹤延年等。由于这类图案有着非常好的寓意，所以被广泛地运用到建筑的各个部分，例如照壁、梁枋、门窗、柱础等（见图 4.6）。

图 4.6　吉祥图案

古镇中使用的吉祥图案很多，主要可以分为下面几类：

（1）文字装饰：最早出现的文字装饰是在瓦当上（见图 4.7）。在建筑装饰上常用的文字有“福、禄、寿、喜”和万字纹。

图 4.7　瓦当

万字纹，是我国古代最为常见的纹样之一，这个符号来自古代印度、希腊等国家，被看作是太阳或火的象征，后来成为佛教的一种标志物，据说当释迦牟尼修炼成佛时胸前出现了这种图形，表示幸福吉祥之意（见图 4.8）。

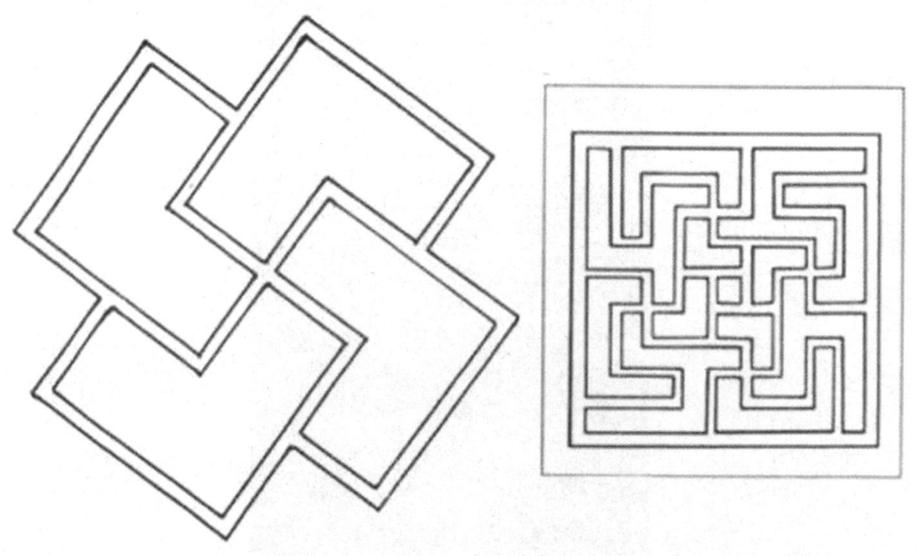

图 4.8　万字纹

如意纹，与佛教、道教都有一定的关系。《释家要览》上说："如意之制，盖心之表也，故菩萨执之，状如云叶。""如意"二字表示做事能如愿以偿。因此，佛教中的如意便渐渐成为一种吉祥的象征。在道教中，如意则是灵芝草和祥云的组合。在我国民间，智慧人们又将如意发展演变，创造出形如祥云凝聚般的如意纹，成为我国装饰中最常用的图案之一（见图 4.9、图 4.10）。

图 4.9　如意纹

图 4.10　如意图案

夔纹，在《山海经·大荒东经》中有记：“有兽，状如牛，苍身而无角，一足，名曰夔。”夔的形象在古代铜器上常见到，但已经很简化和图案化了，其特征是头部不大，其身曲折拐弯形如回纹，如果夔身与龙头相结合则成夔龙，也是青铜器上常见的纹样，这些夔或者夔龙已经看不出是“状如牛，苍身而无角”之形，但仍具有作为一种神兽的神秘意义，尤其与神龙结合更增添了它的神圣性。古镇受到荆楚文化中浪漫神秘的审美影响，有些地方就用夔纹装饰（见图 4.11）。

图 4.11　夔纹窗花

（2）植物。牡丹，花朵大而艳丽，被称为高贵之花，象征主人家财源滚滚，富贵祥和，是著名的观赏植物。古镇以商起家，几乎家家经商，因此，牡丹成为一种常见的装饰题材，有单独使用的，也有和其他图案组合在一起使用的（见图 4. 12）。

图 4. 12　用牡丹装饰的正脊

梅兰竹菊，被誉为四君子，其幽芳逸致，清高风骨，千百年来始终是国人孜孜以求的品质。梅花在冬季迎寒开放，是花中傲而高洁者，它使人能感受到一份坚强和高尚，因此古代人常用梅花来比喻具有顽强拼搏精神及心志高洁的人士（见图 4. 13）。兰花，象征高洁的品质（见图 4. 14）。竹子中空，常被比喻为谦谦君子（见图 4. 15）。梅花和喜鹊组合，称为“喜鹊登梅”或“喜上眉梢”（见图 4. 16）。梅花还与牡丹、莲花、菊花并称为“四季花”，分别代表春、夏、秋、冬四个季节。吉祥图案中的“四季平安”，就是以“四季花”为表现题材（见图 4. 17）。

图 4. 13　梅花

图 4. 14　兰花

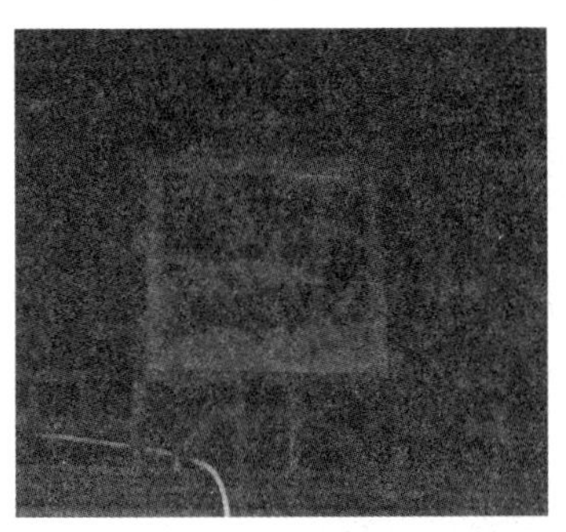

图 4.15　竹子

图 4.16　喜上眉梢

图 4.17　四季平安

卷草缠连不断是对长寿、多子多孙的渴望。

（3）动物类。动物类图案常用鹤、鹿、麒麟、凤凰、猴子、马、蝙蝠、鱼等寓意明确的动物。

狮子，是兽中之王，在佛教中常被当作护法兽，传到中国后，它成为守护大门的护门神兽，也是威武的象征。建筑大门前一对狮子左右并列，右为足抚幼狮的母狮，左为足踏绣球的雄狮，这样的布置已经成为固定的格式了（见图 4.18）。

图 4. 18　民居门口的石狮子

麒麟，是中国传统的瑞兽，性情温和，传说能活两千年。古人认为，麒麟出没处，必有祥瑞，因此常被用作吉祥的装饰题材（见图 4. 19）。

图 4. 19　抱鼓石上的麒麟

凤凰，在古镇中很多地方用凤凰作为装饰题材，凤凰为百鸟之王，不仅形象美丽，又是祥瑞之鸟，象征美好和平，这一点带有浓郁的楚文化特征（见图 4. 20）。

图 4. 20　抱鼓石上的凤凰

蝙蝠，现实世界的蝙蝠，颜色灰暗，白天躲在黑暗中，怕见光亮。但因为有个好听的名字，蝙蝠的谐音为“遍福”，寓意遍地是福，所以是几乎所有传统建筑装饰中，必不可少的一种。这个其貌不扬的动物，经过工匠之手，其形象大大被美化了，有的简直像是张开翅膀的花蝴蝶（见图 4. 21）。蝙蝠还可以和其他动植物或吉祥图案放在一起，组成吉祥寓意，比如蝙蝠和“寿”字一起组成“五福捧寿”（见图 4. 22）。

图 4. 21　封火山墙上的蝙蝠

图 4.22　五福捧寿

3. 历史人物、传说人物及神兽

这类题材中出现的人物大多是在历史上被尊敬崇拜，尤其是在民间广泛流传的历史名人，或者在著名的文学作品以及戏曲中出现的人物，还有各种民间信仰的神仙等，例如八仙的人物形象就常会出现。这类题材一般会形成一幅画面，所以在门的裙板、照壁、装饰墙等部位常常使用。

4. 自然风光

在古镇中，有些地方常采用反映自然山川河流、花草树木的图案进行装饰，带有地域特征。

四、艺术手法

1. 雕刻

雕刻可以分为木雕、石雕和砖雕，古镇的雕刻工艺主要体现在木雕上，梁架、门窗，雀替，撑拱，挂落，落地罩等都富于雕饰（见图 4.23）。雕刻题材有吉祥图案、花卉、动物等图案，工艺表现形式有圆雕，浮雕，透雕，阴刻平面等，作品生动形象，富于变化。

图 4.23　木雕屏风

古镇的石雕作品主要集中在柱础和抱鼓石上，石雕的工艺表现形式为阳刻线条、阳刻平面、浅浮雕等相结合，构图形式富于变化，造型生动（见图 4.24）。

图 4.24　石雕柱础

古镇的砖雕并不多，主要集中在墀头、封火山墙以及屋脊上。装饰题材有花卉，吉祥图案，动物等，工艺表现形式以浅浮雕为主（见图 4.25）。

图 4.25 砖雕墀头

2. 堆砌

堆砌方法最为简易，多用于屋顶的脊饰，采用小青瓦堆砌成各种图案，如钱币形、宝塔形、花形等（见图 4.26），简洁灵活，通透轻巧，造型独特，不施色彩，质朴中透出灵动。

图 4.26 屋脊上堆砌成钱币形的装饰

古镇的装饰虽有很多有所损毁，或是日久蒙尘，但仍能感受到这些装饰中所包含的高超技艺和质朴的风土民情。这里的民居，没有北京建筑的富丽堂皇，没有江南水乡的文雅秀丽，但它质朴自然，带有浓郁的乡土气息和地域特征。

第二节　装饰部位

一、封火山墙

古镇的民居都有封火山墙，这是由湖北、湖南地区迁来的居民所带来的当地的建筑特征。

风火山墙的做法很简单，是将房屋两端的山墙升高，超过屋面及屋背，在高出屋面墙头的部分会模仿屋顶的样式进行装饰。古镇民居建筑密度较大，不利于防火的矛盾比较突出，而高高的封火山墙，能在相邻民居发生火灾的情况下，起到隔断火源、阻止火势蔓延的作用。“如鸟斯革，如翚斯飞”，高低错落的形式丰富了建筑轮廓线，产生了富有动感的美。

封火山墙高低错落，一般为两叠式或三叠式、较大的民居，因有前后厅，其叠数可多至五叠，俗称“五岳朝天”。封火山墙的“墙头”，通常是“金印式”或“朝笏式”，显示出主人对“读书作官”这一理想的追求。

古镇的封火山墙主要有马头墙式和阶梯式两种。马头墙式封火山墙占到很大比例，山墙像马仰天的形状叫“马头墙”。马头墙一律起翘，以增强向上升起的气势。做法是在脊头处用瓦或砖垫高，其上砌竖立小青瓦成各种图案向上高高翘起（见图 4.27）。另一种形式是阶梯式山墙，即山墙形状为阶梯形，

图 4.27　马头墙

中央最高，以对称的形式向两侧逐渐降低，外观以单数的三山、五山式样为多（见图4.28）。

图4.28　封火山墙

二、屋顶装饰

1. 屋面做法及装饰

古镇民居多为硬山顶，也有个别为悬山顶。屋顶采用仰瓦屋面。仰瓦屋面是指屋面铺瓦全部为凹面向上的形式，即由板瓦仰面成行铺设。但在两行之间紧紧相连而不留空隙，在两行板瓦接缝处用泥灰填实以防止漏水。这种屋面没有合瓦，是一种比较简单、朴素的铺瓦形式。这种做法总体用瓦数量少，屋面重量减轻，减少了屋顶木结构的承重，造价也较低。这种屋面只使用板瓦，不使用筒瓦。古镇采用小青板瓦，有一定的弧度，凹面向上，自然形成排水弧面，雨水顺着排水瓦沟排走（见图4.29）。

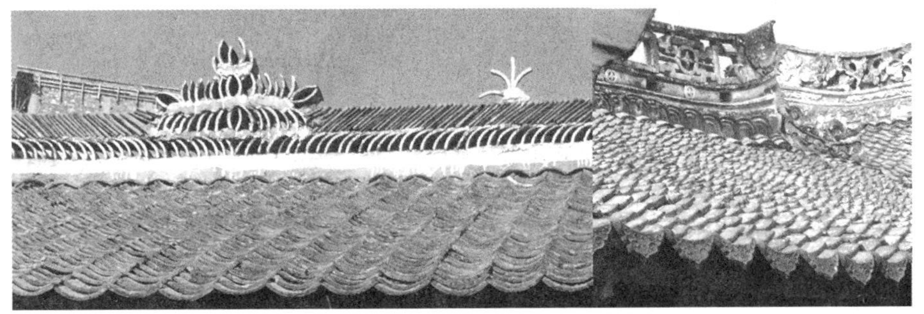

图 4.29　仰瓦屋面

比较讲究的屋面在檐口处有使用滴水瓦。滴水瓦是在一张仰瓦端部附有滴水唇，其形状为上平下尖的三角形，为了美观，两侧做成如意曲线形。滴水瓦与沟瓦成大约 30°倾角，便于把雨水抛得更远。椽头外露，显得质朴古拙（见图 4.30）。

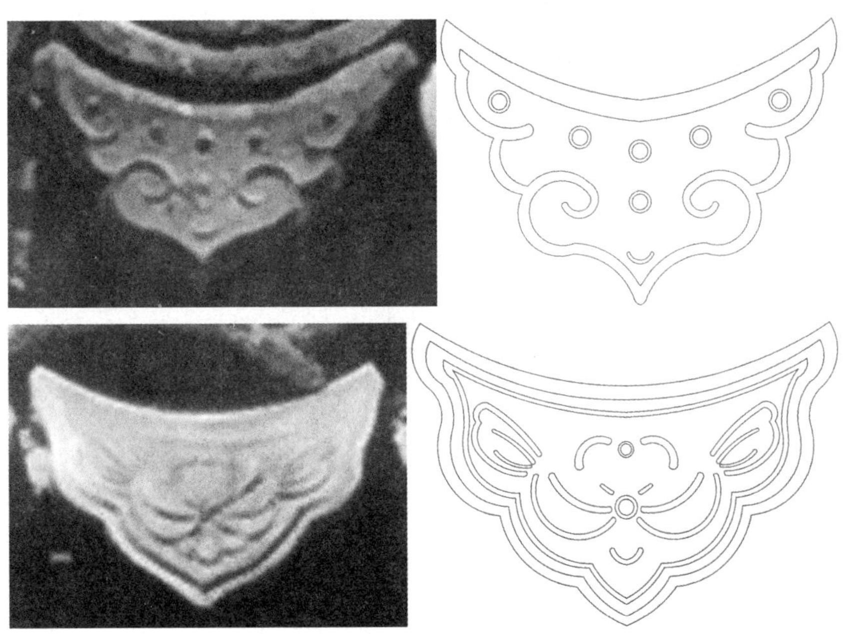

图 4.30　滴水瓦

2. 正脊

屋顶的另一个装饰重点是正脊，装饰也丰富多样，多用一些具有代表性的图案表达一定的内涵，例如花卉等题材（见图 4.31）。

图 4.31　脊饰

屋顶装饰的重点是脊饰，主要是视觉上效果的需要。古镇的屋脊分为两类，青瓦屋脊和灰塑屋脊，青瓦屋脊是直接用瓦片叠加、堆砌而成。

古镇的正脊的装饰有两种不同的风格：

(1) 以“虚”为主的正脊。以“虚”为主的正脊又可分为灰塑嵌花式屋脊和漏花式屋脊。灰塑嵌花式屋脊是直接利用青灰瓦塑成动植物形象，放置在屋脊正中或屋角的位置。漏花式屋脊一般是以灰塑孔洞组成图案形状的通透花纹。这两种脊饰与起翘的屋角相配，线条流畅，非常动人。屋角的细部可制成龙头、龙尾或水生植物的形象，把屋顶象征成一个海，意为灭火。将正脊部分中部掏空，填塞砌筑以几何图案的陶制砖，采用云形纹。这种装饰方式有两个作用，一方面，便于通风，以减缓风力对屋脊的冲击破坏程度；另一方面，还可以通过花砖的暖色调同屋脊边框的冷色调形成色彩对比；另外，鱼尾还有镇火的作用，体现了丰富的民俗文化内涵（见图 4.32、图 4.33、图 4.34）。

图 4.32　以“虚”为主的正脊

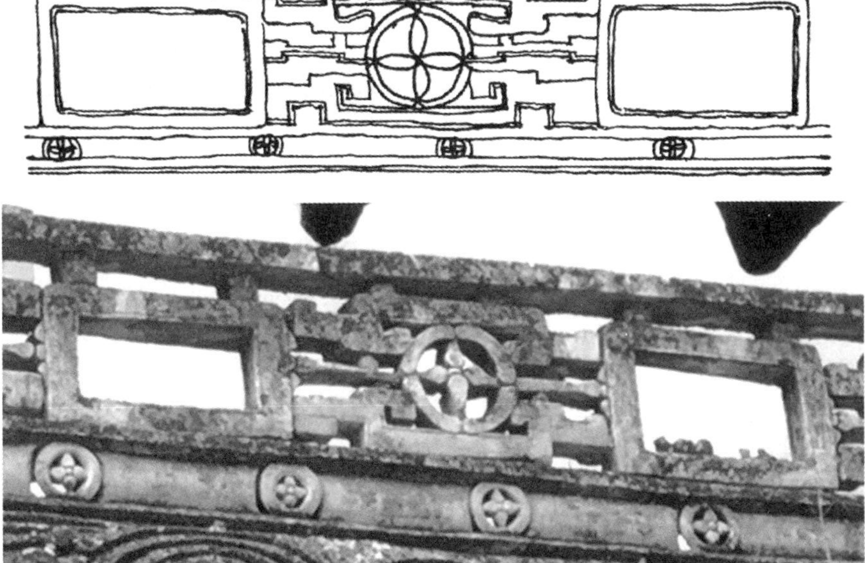

图 4.33　正脊装饰图案 1

图 4.34 正脊装饰图案 2

（2）以“实”为主的正脊。这种装饰方式较为普遍。一种做法是屋脊为实心，其外部两侧用砖雕做出装饰图案，题材多为植物纹样，如牡丹、莲花等；另一种是在建筑正脊位置沿大约 45°方向铺一垄弧形板瓦，以屋脊正中为分界点，分别斜向两个方向，正中部位有压顶，有用小青瓦拼出不同图案的，有的用花中君子莲花，表示高洁清白；也有的直接拼出外圆中方的钱币形状，表示富贵（见图 4.35）；也有用泥灰塑造的压顶，形象更加富丽堂皇。

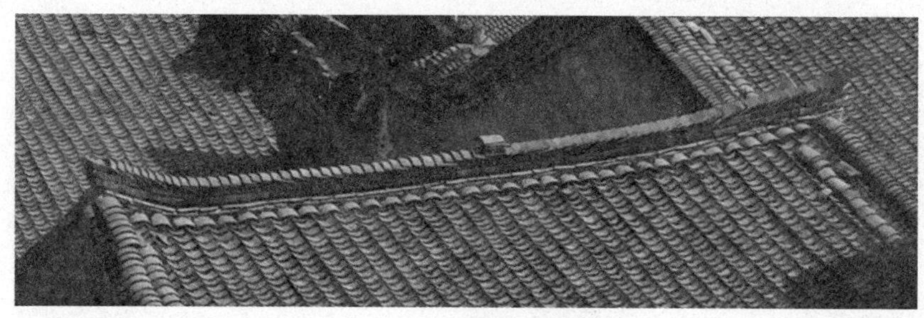

图 4.35 以“实”为主的正脊

三、压胜和正吻

在正脊的中央有压胜，两侧有正吻，也是装饰的重要部位。

压胜的位置，原本有固定正脊的钉子，顶头外露，既为了保护，也为了美观，就在钉头的上部做一些装饰来遮盖（见图 4.36、图 4.37）。

图 4. 36　压胜 1

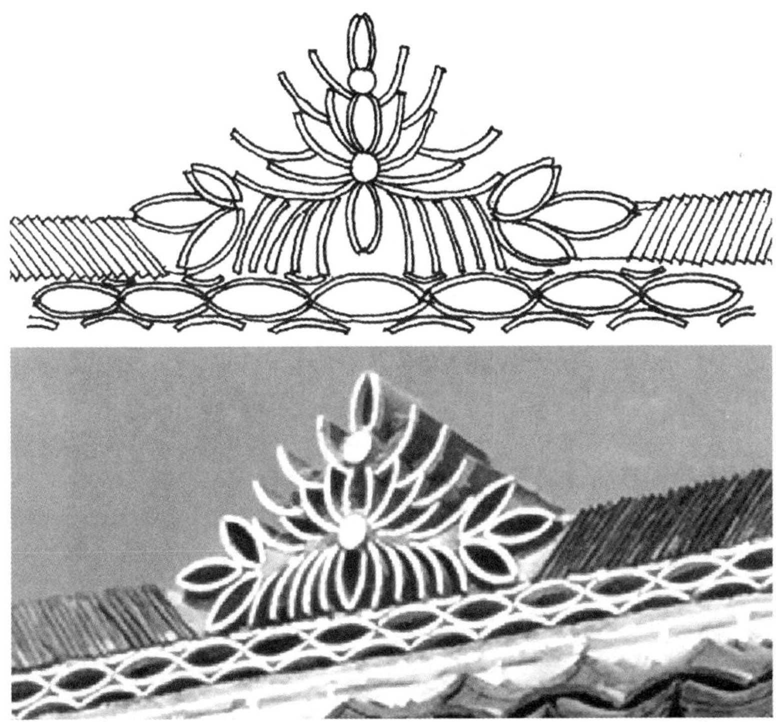

图 4. 37　压胜 2

正吻，出现的时间很早，汉代出土的画像砖石以及建筑明器上都有其形象，当时的正吻看起来像是一只飞鸟的形象（见图 4.38）。正吻的形象变化极多，有龙，有鸟，有鱼，多取水之意，主要因为水能灭火（见图 4.39）。

图 4.38　汉代建筑明器上的正吻

图 4.39　正吻

四、墀头

墀头，中国古代传统建筑构件之一，伴随着硬山墙的出现而产生。硬山墙是将山墙伸出两山屋面来保护山面木构架，墀头占据了衔接山墙与房檐瓦的部分。在明代砖的生产大发展之后开始普遍使用。山墙伸出至檐柱之外的部分，突出在两边山墙边檐，用以支撑前后出檐，承担着屋顶排水和边墙挡水的双重作用，但由于它特殊的位置，远远看去，像房屋昂扬的颈部，于是成为装饰的重点。墀头虽小，但位置特殊，装饰得好，使墙头屋顶变得格外鲜活，表达了屋主对美好生活的向往，对封侯拜相的渴望，对清高雅逸的追求。

墀头俗称“腿子”或“马头”，多由叠涩出挑后加以打磨装饰而成，所以成对使用。墀头一般由上、中、下三部分组成，上部以檐收顶，为戗檐板，呈弧形，起挑檐作用；中部称炉口，是装饰的主体，形制和图案有多种式样；下部多似须弥座，叫炉腿，有的也叫兀凳腿或花墩。墀头的装饰简繁不一，简单的多是全无雕饰，只叠合多层枭混线；而复杂的基本涵盖了中国传统文化中各类吉祥图案，而且许多院落内的墀头中的图案往往取材于同一类吉祥图案或同一组人物故事，具有明显的连贯性和统一性。

凤凰古镇传统建筑中的墀头装饰图案大体上可分六类。一是植物类图案，有梅兰竹菊、牡丹、卷草等。梅兰竹菊四君子，清高风骨，千百年来始终是国人孜孜以求的品质。牡丹，富贵花，象征主人家财源滚滚，富贵祥和。卷草纹连绵不绝，是对长寿、多子多孙的渴望。二是动物类图案，常用鹤、鹿、麒麟、凤凰、猴子、马、蝙蝠等寓意明确的动物。松、鹤象征延年益寿。鹿寓意高官厚禄。麒麟送子，希望早生贵子，子孙贤德。凤凰，为百鸟之王，不仅形象美丽，又是祥瑞之鸟，象征美好和平。猴子骑在马上寓意马上封侯。蝙蝠取福的谐音。三是器物类图案，主要有四艺图、博古图、与宗教渊源的图案。四艺图指琴棋书画，用来寓意书香雅阁，以鼓励人们求学、读书。博古图，具有琳琅满目、古色古香的艺术效果，表现了主人追求清雅、高贵的意志。四是与宗教渊源的图案，有佛教或道教用品以及宗教生活为内容的图案，如“巴达马”（莲花）、道七珍（珠、方胜、珊瑚、扇子、元宝、盘肠、艾叶）、暗八仙（葫芦、团扇、宝剑、莲花、花笼、鱼鼓、横笛、阴阳板）等。“暗八仙”也有一定的宗教功能，即祈福禳灾，它可以说是道教的符咒之一。除此之外，暗八仙更多的是作为民间吉祥的象征，具有各种民俗功能。五是文字图案，文字本身就具有很好的装饰性，利用汉字的谐音可以作为某种吉祥寓意的表达，这在墀头的装饰运用中也十分普遍。常用的吉祥文字有“福”“禄”“寿”“喜”四个字，都是美好的标志，也是中国人长期追求的幸福生活目标。六是综合类图案，运用多种象征手法，赋予图案更丰富的含义，增加了趣味性和故事性。如植物和动物、植物和人物以及人物和动物的搭配等，更出现了人们喜闻乐见的人物故事和戏曲故事（见图 4. 40）。

图 4. 40　墀头

五、门窗隔扇

“凿户牖以为室，当其无，有室之用”，这句话说明了门窗在建筑中不可或缺的作用。门窗隔扇是中国传统建筑装饰的重点，或清雅秀丽，或繁复精细，雕刻内容多种多样，具有丰富的人文内涵，久而久之，形成一种特殊的木文化。

1. 门

古镇的门，形式、作用丰富，根据门在建筑平面上所处的位置，可分为入户门和内宅门，其在空间上的作用代表了一种空间的开始或一种空间的结束。按门扇分，可分为框档门和格扇门两种。框档门主要用于宅院前面店铺门面部分，用木板做框，里面镶钉较薄的木板，轻巧省力，便于搬动。夜间放在木板后的横木称为光子。当地盛产核桃，所以门板一般用结实耐磨的核桃木或漆木板做成，刷上黑色土漆，十分光洁明亮，门墩为石雕花卉或吉祥小动物。这样的门白天商铺营业的时候，就会一块一块整齐地摆在一边，到了傍晚店铺歇业的时候又一块一块地装上去，形成不同的立面效果（见图 4. 41、图 4. 42）。

图 4.41　打开和关闭的板门

图 4.42　拆下的板门条

格扇门多用于院内正房和厢房的门，一般为 4、6、8 扇，每扇宽度根据建筑面阔大小以及门扇数量有所变动。古镇的民居建筑有上下两层，所以基本都是由三道抹头，隔扇心和裙板组成。隔扇门的装饰重点是隔扇心、绦环板以及裙板（见图 4.43）。隔扇心的装饰图案多样，将和隔扇窗一起介绍。

图 4.43　隔扇门

门一　康家大院隔扇门 1

康家院子的格扇门为灯笼锦嵌蝙蝠图案式，方格规整简洁，四角配以抽象的蝙蝠图案，简洁大方（见图 4.44）。

图 4.44　康家大院隔扇门 1

门二　康家大院隔扇门 2

康家院子的格扇门还有另一种，为方格嵌四瓣花朵式，整扇门都是暗红色，但花瓣涂有金色油漆。木格子整齐划一，作为背景正好可以衬托出四瓣花朵的美。简单的一个隔扇心，通过直线与曲线，红色与金色的对比，令人耳目一新，表现出古代匠人的审美情趣（见图 4.45）。

图 4.45　康家大院隔扇门 2

门三　孟家大院隔扇门

孟家大院的格扇门为灯笼锦嵌吉祥图案式，灯笼锦样式较为简单，镶嵌方胜图案及菱形雕花，隔扇心最上边和最下边还各装饰着一对垂花图案（见图 4.46）。

图 4.46　丰源和钱庄隔扇门

门四　长盛祥隔扇门

长盛祥的格扇门为格子门，较为简单（见图 4.47）。

图 4. 47　长盛祥隔扇门

绦环板为横长方形的木板，一般至少有一块绦环板，也有的有两块或者三块，主要根据门的高度变化可以增减绦环板的数量（见图 4. 48）。绦环板上的图案变化较多，古镇中以几何形为主，但又不是单纯的几何形，常会再添加一些植物纹样，比如镶嵌花朵或者果实等，使画面更加精细丰满。图中的绦环板就是在简单几何形状上镶嵌了花朵的图案（见图 4. 49），还有的是用动物和植物组合起来装饰的（见图 4. 50、图 4. 51）。另外，也有单纯用实际存在的植物或者器物的图案来进行装饰的，比如花丛、花瓶等，都带有美好的寓意。

图 4. 48　绦环板

图 4. 49　几何形装饰图案的绦环板

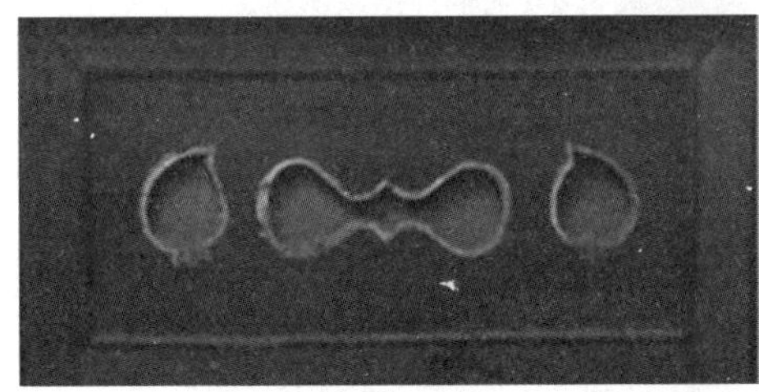

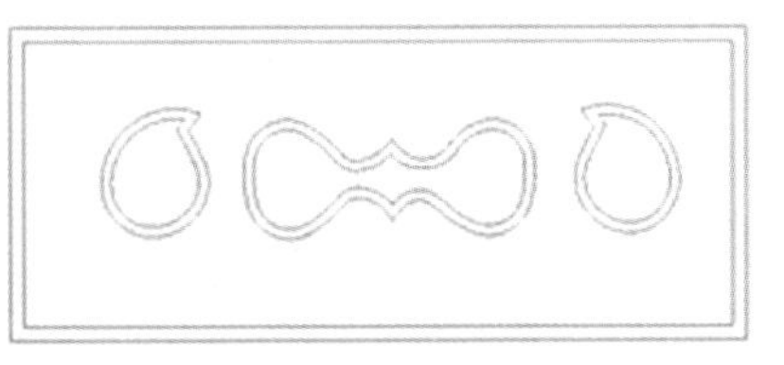

图 4. 50　用蝙蝠和桃子装饰的绦环板

图 4. 51　用凤凰和花卉装饰的绦环板

隔扇门上的另一个重点装饰部位就是裙板。裙板的面积较大，位于门的最下部。古镇中隔扇门的裙板大多素平，有装饰的并不多，有用“喜”字图案或者花卉图案来进行装饰的（见图 4. 52）。

图 4. 52　裙板

2. 窗

古镇的窗按照位置不同装饰也不同，大致可以分为四种，第一种是位于外立面二层阁楼上，装饰较为简单，大多不能开启，主要功能是采光和通风，多采用方格纹或龟背锦，也有个别讲究的房子窗子也装饰得较为华丽（见图 4. 53）。

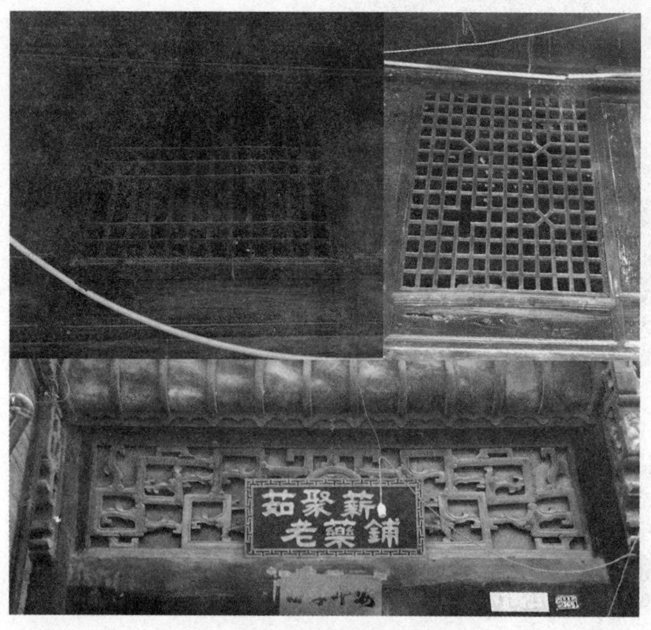

图 4. 53　外立面阁楼上的窗

第二种是用在内部建筑一层的窗，可分为隔扇窗和支摘窗两种。隔扇窗是建筑中比较重要的装饰部位，厢房无论多大一般都为一明两暗，窗扇宽度因房屋开间的不同而有所不同，一般在35~85 cm不等（见图4.54、图4.55）。支摘窗，多用于厢房的次间，这种窗接近正方形，分为上下两部分，上部窗扇可以用棍子向外支起，天热的时候也可摘下来，下部的窗扇则是固定的（见图4.56）。

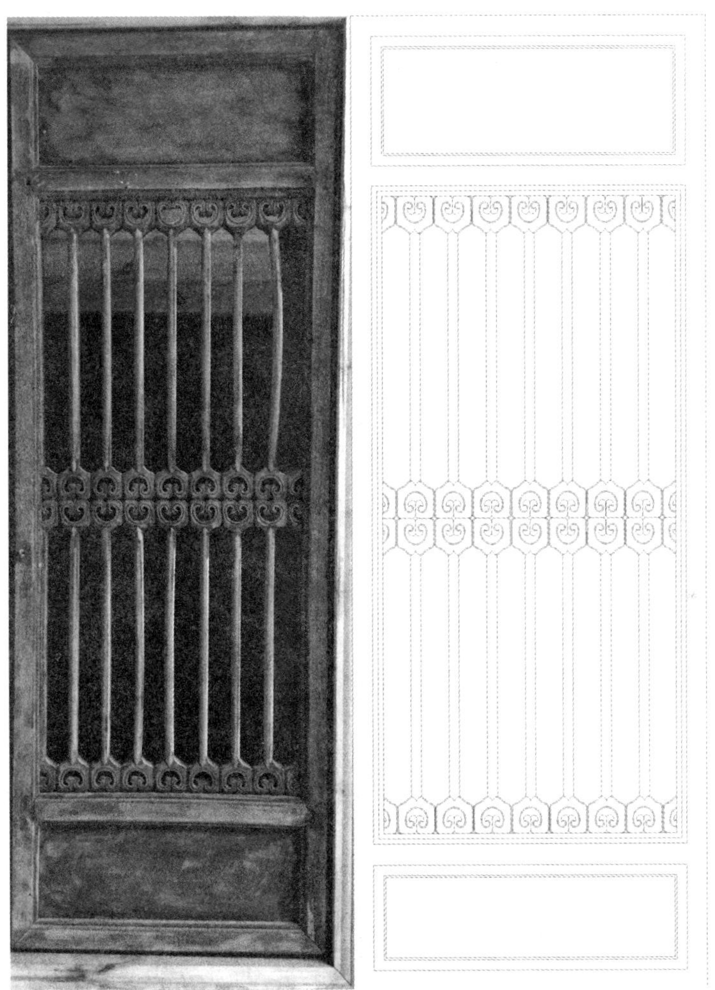

图4.54　隔扇窗1

图 4.55　隔扇窗 2

图 4.56　支摘窗

第三种是位于天井四周房屋二层的窗，与沿街立面上的窗功能一样，多数不能开启，主要是为了采光和通风，但装饰得较为精美华丽（见图 4.57）。

图 4.57　天井四周房屋二层的窗

古镇传统建筑中门窗隔扇心的装饰图案丰富多样，根据其基本形式，分为步步锦、龟背锦、方格纹、亚字纹以及由各种基本形式相互嵌套衍生出的图案等。

（1）步步锦。步步锦窗格是一副有规则的几何图案，该图案主要由直棂和横棂组成（见图 4.58）。横棂和直棂始终在进行有规律的变化，直、横棂由外长内短相隔形成步步变化的图案。步步锦窗棂花有极为美好吉祥的寓意内涵，象征官员步步高升、前途似锦。古镇居民将步步锦用于建筑窗棂，反映了建筑主人希望家人事业有成、子孙后代发达、做官得到步步高攀的美好愿望。

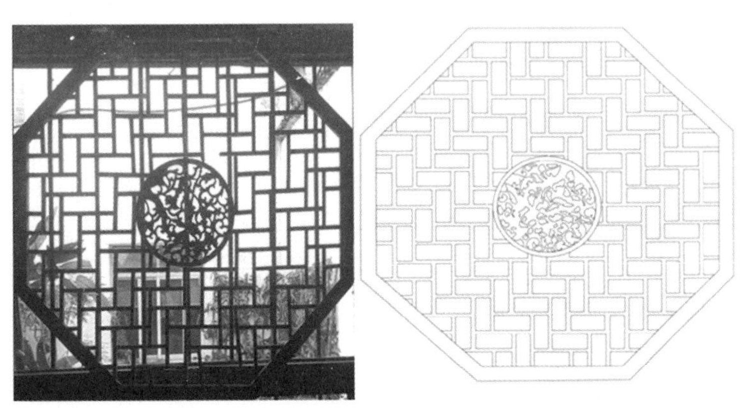

图 4.58　步步锦木窗图案及窗线描图

步步锦以一些简洁的方形为基本形式，经巧妙组合形成形式丰富变化、意趣盎然的生活图案，给人以美的享受和文化的积淀，表达了人民对美好、幸福生活的良好愿望。

（2）亚字纹。亚字纹画面简洁但不失活泼，寓意健康乐观，凝结了劳动人民创造生活的高超技能，表达了当地居民对美好生活的祈盼。

（3）灯笼锦。灯笼锦窗格是各式灯笼的象形图案，古镇中的灯笼锦图案的格心以透空为主，不加任何装饰，仅以窗棂来构成灯笼形状。其图案题材丰富，结构质朴简洁，易于装修，工艺精湛而令建筑装饰在赏心悦目之上得到升华，同时灯笼锦又有前途光明、事业有成之意（见图4.59）。

图4.59 灯笼锦木窗图案及窗线描图

（4）龟背锦。龟背锦为古镇使用很普遍的窗棂图案之一，以八角形为基本元素，常与方格网、如意等图案巧妙结合，或多个龟背锦相互套用，形式丰富多变。龟背锦窗格心图案不但规整美观，而且用龟壳形状引喻灵龟，是长寿平安的象征。出于这种原因，龟背锦图案窗棂尤其受到古镇居民的喜爱（见图4.60、图4.61）。

图 4.60　龟背锦

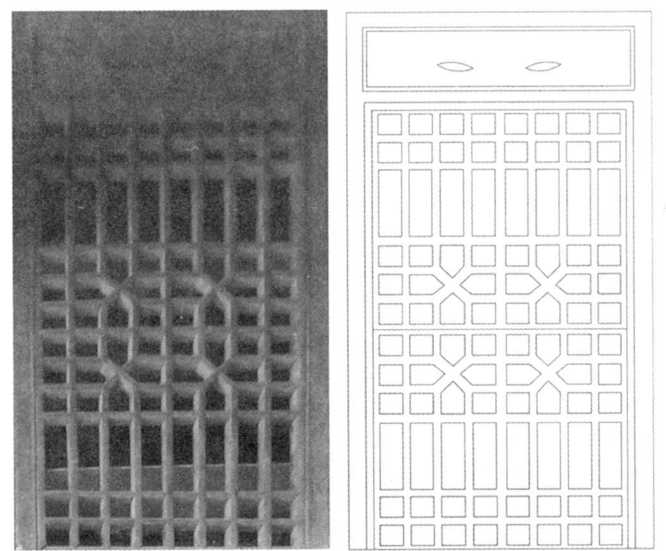

图 4.61　龟背锦木窗图案及窗线描图

六、柱础

随着佛教在中国的广泛传播，中国建筑与佛教艺术开始融合，柱础的装饰风格也受到佛教艺术的影响，在宋《营造法式》中，对柱础的纹饰，即载有海石榴花、牡丹花、宝相花、铺地莲花、仰覆莲花、蕙草、龙风纹、狮兽及化

生之类等，这些纹饰大多受到佛教艺术的影响。

古镇的柱础造型复杂，富于装饰，形式多样（见图 4.62）。

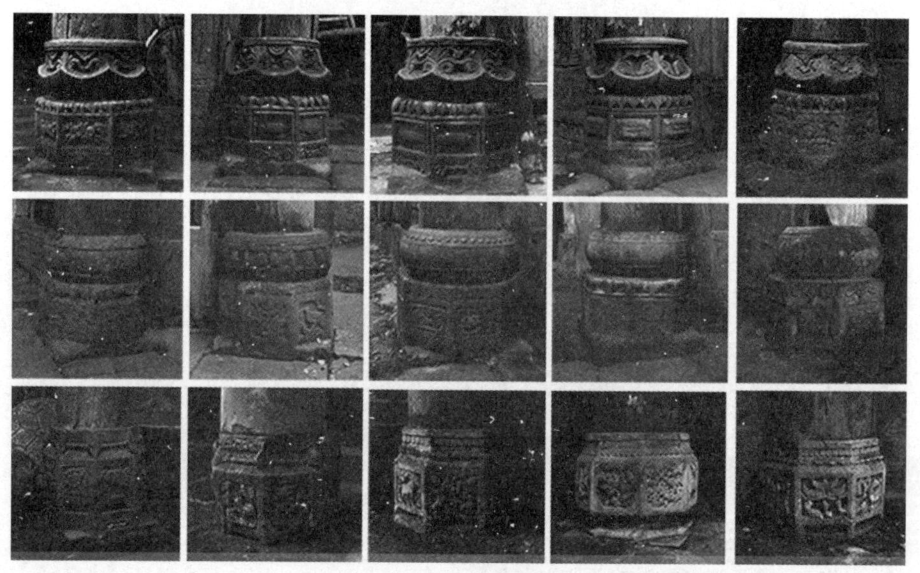

图 4.62　柱础

古镇的柱础都比较高一些，造型各异，形态万千。有的呈鼓形，并在鼓身上从上到下平均开有四道凹槽，其余部分则满布简单的装饰花纹。

有的柱础呈立方体状，只是在四角位置向内凿出线脚，去掉凸出的尖角，其上用的柱子也为方柱，同样在四角位置向内凿出线脚，柱础朝建筑内外的两面上有雕刻的装饰图案，为假山和一株梅花（见图 4.63）。

图 4.63　立方体状柱础

有的柱础分上下两段，上段像个南瓜，上面有莲花瓣状的装饰图案，下段为八棱柱，每一个面上都有条状装饰花纹，或竖直向下，或呈一定角度倾斜。整个柱础上大下小，承托的柱子直径基本与上端尺寸吻合，造型独特（见图 4.64）。

图 4.64　八角上托圆鼓形柱础

有的柱础也分为上下两端，上段为正四棱柱抹去四角部分，四个主要的面上有以动植物为主题的装饰图案，四个抹角，有两个面满布“万”字纹图案，另两个面是“四季平安”装饰图案，花瓶与“平”同音，瓶内插着。下段也是八棱柱，每面上都有阴刻的类似卷云和宝葫芦的装饰图案。（见图 4.65）

图 4.65　八角上托四棱抹角柱础

古镇的柱础造型复杂，富于装饰，其中六角形上托仰莲以及八角上托圆鼓形的样式最为别致。柱础图案的内容十分多样，利用动物、植物的谐音来表达人们的美好愿望，例如，喜鹊和梅花就表示喜上眉梢，竹、松、鸡和羊就表示吉祥如意的意思。

七、撑栱

撑栱是在檐柱外侧用以支撑挑檐檩或挑檐枋的斜撑构件，其上部是由柱子伸出的挑枋承托挑檐檩或挑檐枋。主要起支撑建筑外檐与檩之间承受力的作用，使外挑的屋檐达到遮风避雨的效果，又能将其重力传到檐柱，使其更加稳固。

在明初期撑栱仅仅是一根较细窄的能够支撑斜木的棍、杆形状，只在棍、杆上稍微雕凿一些竹节、花鸟、松树之类非常简练的浅雕。明中期的撑栱演变成倒挂龙形。到了清代，撑栱又改为斜木形。明朝中叶以前，撑栱上是没有雕花的，最多就是几道浅凹线。其后的古建筑中多以卷草、灵芝、竹、云或鸟兽、戏曲人物等纹样雕刻在撑栱上，增加了外檐的装饰效果。

在荆襄之地撑栱应用极广，凤凰古镇由于受到楚地文化的影响，建筑中也常使用撑栱，并且其上满布雕饰，制作精美华丽，是装饰的重点（见图 4. 66、图 4. 67）。

图 4. 66　撑栱 1

图 4. 67　撑栱 2

牛腿，就是把撑拱与柱子之间的三角形空当联为一体，原本是一根木棍或木条的撑拱变成了直角三角形的构件，称为“牛腿”。牛腿在结构上的功能与撑拱一样，支撑着屋顶的出檐，只是构件大了，自身重了。所以由撑拱发展为牛腿主要是为了装饰需要，从结构上则完全不必。古镇中使用撑栱较多，牛腿相对少一些，图中的牛腿呈直角梯形，采用夔纹进行装饰，充满了神秘色彩（见图 4. 68）。

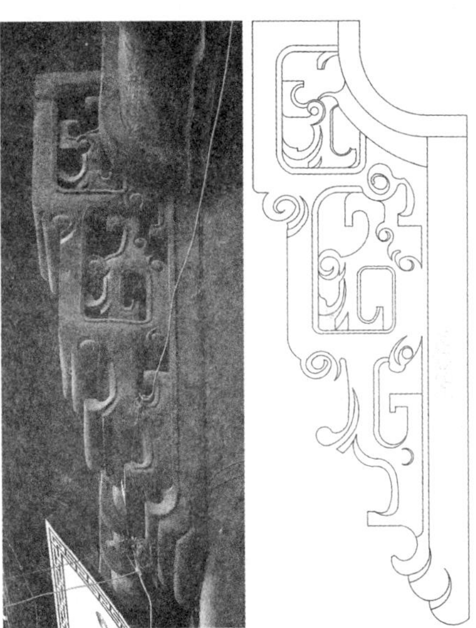

图 4. 68　牛腿

八、抱鼓石

抱鼓石是中国传统民居，一般位于传统四合院大门底部宅门的入口，形似圆鼓，属于门枕石的一种。因为它有一个犹如抱鼓的形态承托于石座之上，故此得名。

古镇有抱鼓石的民居并不多，其中比较精美的是丰源和钱庄中的。这对抱鼓石是由整块石头雕刻而成的，鼓身和鼓座上都满布雕刻。鼓身的正面分别雕刻着“麒麟投玉书”和“丹凤朝阳”的装饰图案，构图饱满，麒麟和凤凰栩栩如生（见图 4. 69）。鼓座的正面雕刻着一幅莲花图，出水芙蓉，亭亭玉立（见图 4. 70）。

图 4.69　抱鼓石的鼓身

图 4.70　莲花图

九、柁墩

柁墩是位于上下两层梁枋之间能将上梁承受的重量迅速传到下梁的木墩或者说方形的木块，作用与瓜柱相同，但柁墩的高度小于其宽度。从功能上说，柁墩只需要一个方形木块就可以了，但工匠们常常对它精雕细琢，除了满足功能的需求之外，也成为装饰的重点（见图 4.71）。

图 4.71　带有柁墩的梁架

古镇的梁架上多用柁墩，有的做的十分讲究，左右两侧做成曲线，表面满布雕刻，雕刻内容有建筑、有花卉以及纹饰。造型自由独特，带有浓郁的地方特色（见图 4.72、图 4.73）。

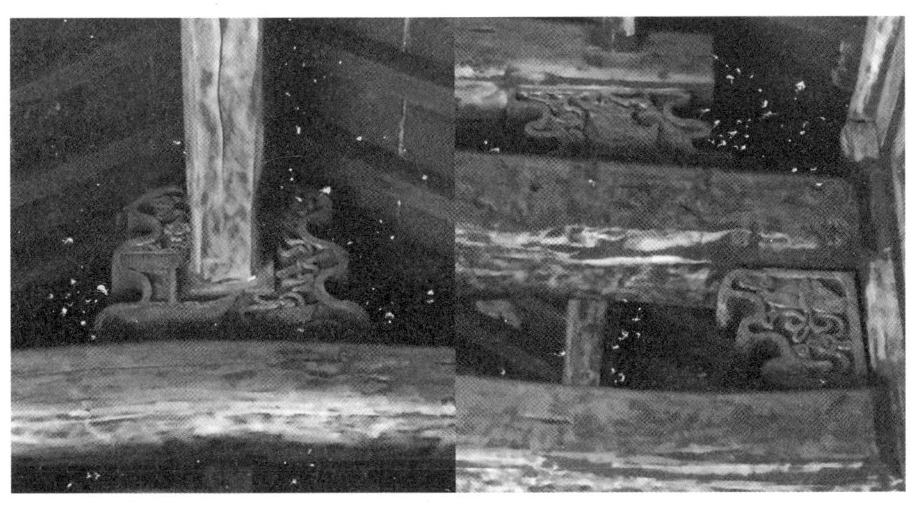

图 4.72　柁墩 1

图 4.73　柁墩 2

十、雀替、倒挂楣子和罩

1. 雀替

雀替是中国古建筑的特色构件之一。宋代称“角替”，清代称为“雀替”，又称为“插角”或“托木”。通常被置于建筑的横材（梁、枋）与竖材（柱）相交处，作用是缩短梁枋的净跨度从而增强其承载力，并减少梁与柱相接处的向下剪力，还可以防止横竖构材的倾斜。

古镇的雀替有做成卷草花卉式的，也有做成回文图案的，一种主要是曲线，另一种主要是直线，风格迥异，各有特点（见图 4.74、图 4.75）。

图 4.74　雀替 1

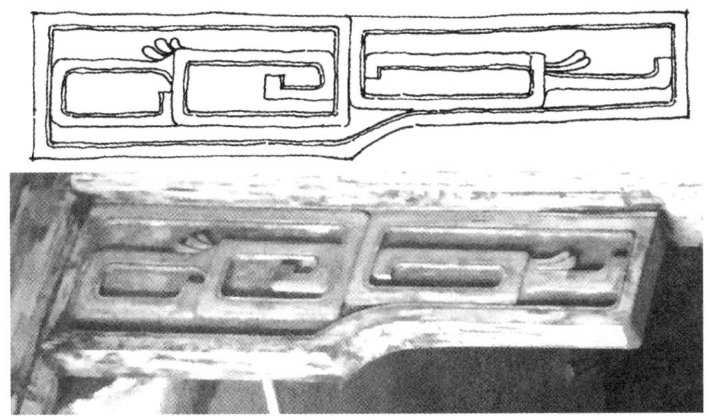

图 4.75　雀替 2

花牙子是用于倒挂楣子两端的一种装饰构件，也称镂空雀替，是雀替的一种类型。有用棂条拼结而成拐子纹或回纹等，也有用木板雕刻而成，形似如雀替，不过较雀替轻巧。

古镇的花牙子采用的是拐子纹，与倒挂楣子一起组成美观大方的图案（见图 4.76）。

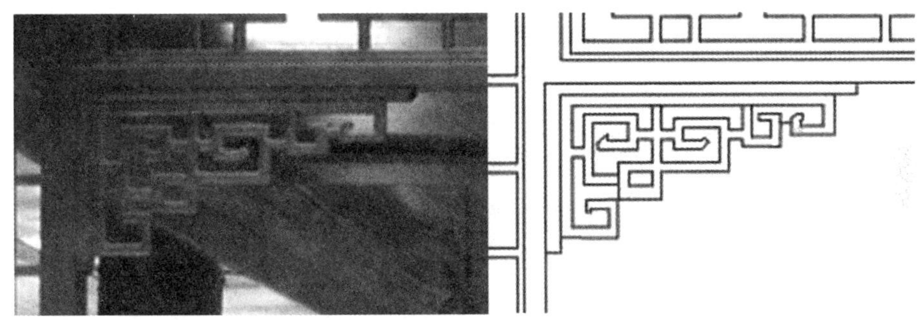

图 4.76　花牙子

2. 倒挂楣子

倒挂楣子的作用主要是装饰美化建筑外观，由棂条、花牙子和边框等组成，大多为镂空形式。楣子的样式众多，如步步锦、冰裂纹、岁寒三友、富贵牡丹等。“倒挂楣子”一般安装在阑额之下，垂莲柱或檐柱之间，其两端的小垂柱与大柱子相连接，边框一般为宽 4 cm，厚 6 cm，窄面为看面，厚面为进深，棂条比边框的尺寸要小，整个“倒挂楣子”极富层次感。

古镇的倒挂楣子由龟背锦和扇形雕饰组成，看起来端庄大方，又不失华丽（见图 4.77）。

图 4.77　倒挂楣子

3. 落地罩

属于古建筑内檐装修木雕花罩的一种。凡从地上一直到梁（或枋）的花罩都可称为落地罩。其形式主要有 3 种：

（1）沿两侧木柱和梁（枋）形成的不同方向的三条边上均有装饰，两侧的木雕一般都坐落在木雕须弥座上。

（2）两侧木柱上安装隔扇，梁枋下安装单边罩，这种形式又叫“隔扇罩”。

（3）在柱梁间满饰木雕或用木棂条组成图案，中间部位留出几何形洞口，这类落地罩按照洞口的形状定名，如圆形洞口的称“圆光罩”。

古镇的落地罩属于第三种，三边都用灯笼锦装饰，形成矩形洞口。上边中间装饰着铜钱图案，这是市井文化的突出表现，表达了财源广进的美好愿望（见图 4.78）。

图 4.78　落地罩

第五章　保护与传承

第一节　文化景观理论

一、文化景观的含义

世界遗产可以分为四大类型：文化遗产、自然遗产、自然和文化双遗产以及文化景观。文化景观是其中最晚形成的。

联合国世界遗产中心对“文化景观”的定义如下：“文化景观代表了《保护世界文化和自然遗产公约》第 1 款中的人与自然共同的作品。它们解释了人类社会和人居环境在物质条件的限制和自然环境提供的机会的影响之下，在来自外部和内部的持续的社会、经济和文化因素作用之下持续的进化。文化景观应在如此的基础上选出：具备突出的普遍价值，能够代表一个清晰定义的文化地理区域，并因此具备解释该区域的本质的和独特的文化要素的能力。”文化景观这个词解释了人与自然环境间相互作用的多样性。

以“文化景观”这一概念进行保护的区域，强调了该区域内人和自然之间持续的相互作用，是人类的实践活动对自然环境的作用而形成的景观。费孝通先生说，文化是“From the soil”，从乡土中生长出来的东西。因此，文化景观所反映的就是人类在大地上各式各样的生活方式、习俗等内容，反映了人类与自然交流和抗争的历史。著名的西湖十景苏堤春晓、双峰插云、花港观鱼、柳浪闻莺、三潭印月、曲院风荷、平湖秋月、断桥残雪、南屏晚钟，雷峰夕照，人们正是用这些来表达他们对自身居住场所的欣赏和赞美，既表达了人们和生存环境的关系，也蕴含了丰富的景观形态。

二、文化景观的类型

蔡晴在其著作《基于地域的文化景观保护》一书中，将我国的文化景观分为四类：

1. 历史的设计景观

这一类主要是指被景观建筑师和园艺师按照一定的原则规划或设计的景观作品，或园丁按照地方传统风格培育的景观，这种景观常反映了景观设计理论和实践的趋势，或是著名景观建筑师的代表作品。美学价值在这类作品中占有重要地位，最典型的代表就是传统的私家园林（见图5.1）。

2. 有机进化之残遗物（或化石）景观

这种类型代表着一种联系着历史事件、人物或活动的遗存景观环境，或者过去某段时间已经完结的进化过程。其突出的代表是考古遗址景观（见图5.2）。

3. 有机进化之持续性景观

这一类型大多是使用者在他们的生产生活方式以及行为习惯等影响下而形成的景观，它反映了所属区域的文化和社会特征，功能在这类景观中扮演了重要的角色，它在当今与传统生活方式相联系的社会中，保持一种积极的社会作用，而且其自身演变过程仍在进行之中，同时又展示了历史上其演变发展的物证。它的典型代表是历史文化名村、名镇（见图5.3）。

4. 基于传统审美意识的名胜地景观

这一类型包含了传统的对环境的阐述和欣赏方式，以与自然因素、典型的宗教、艺术和文化相联系为特征，主要包括一些著名的风景名胜区（见图5.4）。

图5.1　拙政园

图 5.2　大明宫遗址公园

图 5.3　周庄古镇

图 5.4　武当山

三、文化景观保护的原则

文化景观的保护应是多学科共同协作才能实现的，保护的基本原则主要有以下三方面的内容：

1. 可持续发展的原则

“可持续性”原是用于天然林地管理的，其含义是在没有不可接受的损害的情况下，长期保持森林的生产力和可再生性，以及森林生态系统的物种和生态多样性。后来，“可持续性”一词拓展到更广泛的领域中。

文化景观是在特定地域范围内存在的景观，带有明显的地域特征。但是，在全球化的进程中，地域特征逐渐被同化，文化景观常常对外来的东西不加取舍地“模仿”，逐渐失去了原有的文化特色。可持续发展的原则要求文化景观必须保持其独特的文化内涵，并将之发扬光大，唯有如此，才能真正保护好文化景观。

2. 建立保护传统人、地关系的观念

文化景观的定义是：“自然界与人类共同的作品，它们体现了人类与他们所处的自然环境之间存在的长久而亲密的关系”。从这个定义中不难看出，文化景观的概念强调了人与环境的关系，人类的实践行为塑造了环境，同时环境也影响了人类的文化内涵。

因此，文化景观地内的原住民也是必须保护的一部分，正是他们创造了一种能够反映他们的文化的景观，“人—地”关系紧密相连，保护的目标应使这种关系能够继续维持并发展下去。

3. 建立保护区进行保护

文化景观要保护的是一个特定的地域范围，因此，建立专门的保护区，划定保护范围，制定专门的法律法规和管理制度。

第二节　古镇的保护

凤凰古镇始建于唐代，兴盛于明清，历史悠久，是以陕南古镇建筑风貌和丰富的人文景观为特色，以观光、休闲、文化艺术体验等活动为主要内容，以人文旅游为核心，古镇风光、生态环境交相辉映的商洛乃至西安知名的古镇文化观光休闲型旅游景区。随着旅游经济的不断拓展，凤凰古镇拥有巨大的开发潜力和发展机遇，如何保护和继承历史文脉成为古镇保护与传承首先需要解决的问题。

一、古镇风貌构成

凤凰古镇的风貌特色包括自然环境要素、人工环境要素和人文传统要素三大类。

1. 自然环境要素

自然环境要素主要指古镇周边的特色自然景观和城镇选址等。古镇依山面水，四周风景秀丽，自然天成。

凤凰古镇自然旅游资源丰富，地处秦岭腹地，周围山环水绕，森林覆盖率高，是天然的森林氧吧，气候宜人，尤其在夏季，是优良的避暑胜地。这里有三条河交汇，水系发达，可以开展划船、漂流、观景等水上活动。

在古镇周边有着丰富的旅游资源，柞水溶洞，牛背梁国家森林公园等著名景区，每年盛夏到来之际，去柞水溶洞参观的游客络绎不绝。

2. 人工环境要素

人工环境要素主要包括古镇珍贵的历史遗构、传统的民居街巷和特色的城镇格局构成等内容。

（1）历史遗构。

1）二郎庙。二郎庙建于明朝天启至崇祯年间，庙宇占地面积约300 m^2，庙宇的房梁极为粗大，有“一柏担八间”的说法，用一株柏树建成了东西八间殿庙。毗临街面的大门院墙是白色粉墙，青砖灰瓦，南面一间为灶房，西面3间，为香客房，东面5间为神像大殿，有齐备的附属建筑，书有大明律书的一座大铁钟置于院内。东面大殿设有七尊彩绘金色泥塑神像，道教中的驱魔大神九尺高的“真武大帝”是主像，传说其能防水、火之灾。三眼灵官（火神）双手分别执有灵、耀两字。当地每年的八月初一是“送火灾”之日。殿堂中有如意云牙板画与历史人物故事等细笔彩画，身处其中，有庄严肃穆之感。

自建成起，这里就一直有善男信女来供奉香火。在民国后期遭到镇公所的损毁，并在1944年被当成了储粮仓库，其中的文物损毁严重。壁画剥落，遗址仍然依稀可见。

2）骡马巷。古代陆路交通的主要运输工具就是骡马，因此，凤凰古镇作为重要的交通枢纽也有着规模较大，设施完善的骡马店。骡马店位于古街桥头的骡马巷，清代设立时有十个马槽，5间骡马房，可同时容纳四十匹驮骡，外部还设立了备料场、墙钉栓马环，拴马桩、上马台等附属设施。到了1933年（民国二十二年），又有李春山、黄春龙等多家在自家商宅开设了骡马店。当时，每天会有五十匹或上百匹骡马在当地进行货物运输。商、柞、镇、山四县地方特产也由此运输出山，当时极为繁荣，骡马一长串，铃挡响山川让当时的商运风景线极为可观。

唐代诗人贾岛《山路行》诗云：“一山未尽一山迎，百里都无半里平，最是老僧遥指处，止堪图画不堪行”。这是对货运难，客运难，行路难的秦岭深山的真实写照。为此，古镇的商号想了很多应对之策，比如应对物流难则兴骡店，建码头，水航运，开通骡马道；应对货运难时，则驮架驮，背背篓，要扁担；应对客运难，则乘滑杆，抬丁拐，坐轿子；应对行路难，则路着露之、道者蹈之。“谷（城）汤（峪）道”的中心连接部位就是骡马巷，这条骡马道线路是：自西安市东和巷起，到谷城汉江岸止。骡马道的存废取决于商铺，后因公路通捷，水运枯缩，商务渐衰，骡马店也销声匿迹。

3）甜水井。优质泉水井位于鱼尾四条小巷（古街东端）内，其建设者已无从查询。如果天河渠、水稚河与社川河发生冬涸秋洪或断流，甜水井即为居民的仅有水源。其地底的出水口有四个，全年长流，夏凉冬暖，水质营养丰富，受到居民的极度珍视，当地称其为“凤凰泉”。因为其地下水源主要来自山间的自然河流，同时其再经地下的多层过滤，污染不在，十分甘甜、清澈，用之沏茶亦味道纯正。

4）子房寨。古镇北侧五公里处海拔1 340 m的崖顶上有子房寨，其既为革命战争遗址，也属古寨。

绕过百丈的子房寨石，有围墙高约在1~2丈，顶宽4~6尺，底宽达1丈。

墙顶设置了射击孔、炮台与墙垛。石头卡房主要沿东、南、北山峭石梁修建而成，担负警戒功能，由刘、党、卢姓三家负责驻守。寨顶有两阶平台（土质），两面街建立在上阶平台上，有三十多间的小石板房，青石板铺设人行道。寨前门是寨北的石头门，是驻寨者的取水通道。三层石山梁上的子寨是菇含林（父）、菇先炎（子）建成的，也叫作“后寨”，其上筑有3间半石板房，以绝小皂河沟、古佛山贼人侵扰主寨，卢姓建造了下阶东面。寨中建立了供水山路，设有石磨与石碾等生活与生存保障体系，寨下面的西、北、东面均掘有战壕。子房寨的安保体系布控严格且壮观、宏伟，“有一夫当关，万夫莫开”之势。

资料表明，嘉庆九年（公元1804年），清廷对白莲教加以镇压之后，陆有（陕西巡抚）本奏朝庭认为，洛南、商南、镇安、山阳、商州五处，务必在所有险要部位设立关卡，由各地自行进行寨卡修筑，以此进行战乱规避。随后，凤凰嘴地方官倾力引导居民动用人力物力与财力，把五处石寨修筑成功。由巨石垒建而成的石寨多处险要部位，难攻却易守，那时颇富防卫、保安全的价值。持续不断地修筑最终也让子房寨的规模越来越大，终成街北固守要塞。

5）土地庙。土地庙（即青龙寺）位于古街东端的河对岸。土地神地位低，属于基层神灵，但其多造福民众，所以广受爱戴。居民珍惜土地资源、热爱生活也是土地庙香火兴盛的本质原因。“土内生白玉，地内生黄金”是此庙的门前对联，联首二字即为“土地”。土地神形象富有亲和力，让人产生信赖感。

在农耕时代，土地是家庭财富来源和主要物质维系，土生万物，田保生存，因此，通过敬奉土地神来祈求多寿多福、丰衣足食是当地民众的风俗。祈福通常用“福”字表示，从字面来看，一件衣、一口井、一块田构成了“福”。

当地土地神不同于关中地区，常着王者冠冕。《续修商州志》记述说，玄宗生病时曾梦见神人进奉桔梗（中药），并自称商山土地。梦醒后，玄宗即恢复了健康，即把商州土地封为文土地（也称都土地），并将王者冠服赐之。因此，可在商洛地区见到大量种植桔梗，土地庙周边也种植了许多桔梗，以此满足了药用需要与精神寄托。

（2）民居街巷。古镇老街两侧保留下来众多的传统民居，其中保存完整的有孟家大院、丰源和钱庄、康家大院、茹聚兴药行等。民居几乎都是天井式前店后宅格局，硬山屋顶，高耸的封火山墙，整体风貌古拙而质朴，是保护的重点。

3. 人文传统要素

人文传统要素主要体现在古代传统的社会风情，以民俗文化和地方习俗为代表。这些内容在第一章中已经详述。

二、古镇保护现状及价值分析

1. 古镇现状

(1) 传统建筑及环境现状。凤凰古镇的房屋大多年代久远，出现了房屋破旧的问题，河道由于水流量下降堵塞淤积，垃圾停留在河道两岸及桥下，一些民间手工业艺人离开古镇对古镇的非物质文化造成了巨大的隐形损失，还有居民拆掉老房子建新房子，将木门及木窗换成铝合金门及窗户，甚至有人将家里的老古董如门墩卖掉，目前凤凰古镇旅游热潮呈现衰减趋势，出现一系列问题，如古建筑年久失修、树木乱砍乱伐、河道污染、环境封闭以及居民增收困难等，这些都成为制约古镇旅游可持续发展新的瓶颈。

凤凰古镇村落里附着居住者的日常生活、劳动生产、衣食起居、宗教信仰、节庆礼仪、人际关系、娱乐表演、婚丧嫁娶等全套的民俗文化。凤凰古镇是物质文化遗产和非物质文化遗产的综合呈现地，是人类文化多样性最具资格、最具品位、最具权威的阐释者。古村落的消失，或者说村落文化个性的泯灭，将釜底抽薪式地毁灭人类文化多样性的景观，中国人令全世界仰慕的7000年的农耕文明和文化农村，将从此沦为文明的弃儿和文化的乞丐。五颜六色、缤纷多彩被苍白所代替，那绝对是全人类共同的的灾难，正如文化乡村的多样性是全人类的共同财富一样。

(2) 旅游开发现状。凤镇作为典型的陕南古镇，其规划与建筑布局，充分体现了“天、地、人”的哲学、风水、土木学说，以及“天人合一”的生态环境，较好地处理了人与自然共存，生生不息的紧密关系。最繁荣时，古镇码头中转的商铺货物口均会超过 200 家。但水运在 20 世纪 30 年代后日渐萎缩，秦岭山高遂日益遮掩了古镇，古镇内众多物质文化遗产因为自然方面因素而一直处在无保护境地。从旅游层面来看，其和客源市场之间的距离明显，限制了当地的旅游业发展。2007 年元月开通的终南山隧道，将制约当地旅游发展的交通瓶颈全面消除。但当地政府功能发挥不足、持久的闭塞状态、民间资本缺失等让其旅游市场和古建筑保护之间未能形成有效呼应。即便交通改善后，依然未能改善当地旅游服务业滞后的事实，没有全面实施旅游规划和保护，应有的旅游文化氛围未能形成保护与开发深度均不够。

作为陕南民居的代表，凤镇的社会现实存在价值首先体现在其资产上。凤镇的明清古建，虽然有一些破坏程度严重，急需修缮，但此类老旧建筑恰好又

在当前的社会中增值不断。老宅大院以及老陈设、老家具、老建筑构件等近年来增值现象愈发明显，因此极难通过普通的资产衡量标准来评估当地资产。其所蕴涵的文化与历史、名人信息等均吸引了更多关注的目光。

旅游服务行业结合传统基础性产业方面的价值。凤镇有它的传统基础产业，如丝织业、造纸业、金属器（铁、银）手工加工、传统风味食品加工(腊肉、核粑、豆腐干等)，这些基础产业因其鲜明的特征，在凤镇交通问题得到解决后，自身发展过程中其价值会不断提升。而且，随着旅游业的发展，这些基础产业与旅游业的结合，其价值提升程度会超过原先。比如凤镇传统食品加工业，原先的销路以柞水县城与周边的县区为主，几乎没有突破商洛市区，但是随着越来越多的关中游客来到凤镇，腊肉、豆干等易存食品的销路已经辐射到陕西其他市县，在凤镇的旅游开发过程中，这样的基础产业还会得到不断地提升。

2. 价值分析

凤镇民居是陕南民居的代表，更被誉为“江汉民居活化石”。老街古宅的天井院落层次丰富，细节装饰具“秦风楚韵”，有着鲜明的艺术特色，文化历史底蕴深厚，探索价值巨大。

（1）考古价值。和其它物质性文化遗迹的功能相同，古镇民居属于在不同的社会发展时期，保存下来的一种物质实物，分析它们可以了解某阶段建筑科技发展的状况。在物质生活水平与生产力快速发展的今天，文化需求是公众当前的追逐目标，古镇在当前还具有文化娱乐与休闲功能，古镇参观更是当今旅游服务行业发展的一个主要物质依托。老街民宅在艺术和技术上都达到了很高的水平，作为传统民居更是为现代住宅的设计提供了不竭的思路与灵感，极具历史考古价值。

（2）美学价值。欣赏老宅，是从建筑的结构形式感受建筑的整体气质。从院落组合，看建筑的布局结构，老街古宅群体组合的美主要在于对比和对称。古宅的外部点缀与内部陈设装饰更是其点睛之笔，屋顶上的装饰、涂彩、雕塑、绘画、门楹等均具欣赏价值。自然美与建筑美的充分融合是古宅之美的重中之重，建筑美在自然美的烘托下与自然融为一体，又进一步提升了审美情趣。

在“第五立面”的传统古建筑形式美之外，马头墙让古宅外观造型特色更加鲜明。屋脊与屋面低于两端山墙，水平线条状的山墙檐完成了收顶。为了避免屋面与山墙檐距过大，产生高差，屋檐采用了缓慢降低的形式，在山墙呈现变化万千与错落有致的同时，也节约了材料。于是，通过古镇民居规模宏伟、结构合理的布置，使其造型和结构形成了完美的统一，共同形成了风格清新典雅的建筑特色。而在总体布局上，老宅依旧沿袭了中国的风水理论，山水环抱与依山就势的建筑成就了最具山水意境的人居环境。在平面布局上，老街建筑规模灵活且变幻无穷。

第三节　古镇的更新

一、古镇存在的问题

古镇的核心街区中保存了大量明、清至民国时期建造的天井院落，整体风格统一，地域特色明显，具有重要的历史、艺术、科学等方面的研究价值。但是，由于各种原因导致目前部分院落已经年久失修，成为危房甚至倒塌，部分院落被任意改造，破坏了原有的风貌。

1. 古镇传统历史文脉被破坏

凤凰古镇有着悠久的历史和文化，其建筑保存了独特的明清风貌和南北杂揉的独特韵味，但是在长期的非科学发展过程中，很多风貌被人为破坏，特色的风韵也没有得到保护和发展，使得人文和自然的双重特性都损毁严重。比如很多著名的商铺、寺庙等人文景点都消失了。而且随着城市化水平的加快，镇上这些人文、自然性的东西发展不力，还保存着的古宅商铺，也淹没在了遍布其周围的新镇区建筑群及街道中。而且古镇中许多传统的非物质文化也在逐渐消亡，对古镇的整体形象及发展策略没有清晰的定位，发展混乱。

2. 古镇建筑风貌遭到破坏

古镇中的大部分建筑建于明清时期，随着时间的推移，有部分建筑的木构架已经腐朽，土坯墙严重倾斜，甚至倒塌，已成为危房无法使用。另外，古镇居民对传统建筑进行随意改建的情况非常严重：例如，有的镇民为了扩大使用面积，把木板墙的位置向外移到廊柱，把原来廊道封起来作为室内使用；有的拆掉木构架；有的为了采光方便，把原来的精美的木雕窗取下，换上推拉玻璃窗；有点拆梁改墙（现代建材与古建材混合）；有的拆除部分原有建筑，在空地上新建房屋；有的在外立面上进行刷漆、打磨、贴瓷片等改造。所使用的钢筋混凝土、铝合金门窗等现代材料，与传统木结构建筑风貌相互抵触，对原有建筑风貌破坏较大。

例如，古镇上的“丰源和”钱庄，据屋主讲，钱庄第一进院落中的厢房，其檐部原有精美的砖雕向中轴线伸出，在空中交会，形成龙头形状，非常精美，可惜在20世纪六七十年代时遭到了破坏。再比如，茹聚兴药行，厢房的

门窗被改成了铝合金门窗，严重破坏了建筑原有的风貌。

3. 自然性的损坏

陕南地区多雨且空气潮湿，随着时间的推移木构架表面的防潮措施逐渐脱落，湿气渗透到屋顶下的木结构中，引起各种霉菌的腐蚀，木构架在这种条件下逐渐腐烂变质。由于木质受潮酥松，造成构件开缝断裂。这种情况在古村落中出现得很多，建造的年代越早，毁坏越严重。古镇的明代建筑多数已经毁掉，现存唯一的一座明代建筑二廊庙的木构架也可见这种自然力的破坏。雨水和潮湿的空气更直接地冲刷、腐蚀建筑的外墙，很多雕饰都是暴露在建筑的外墙上的，在潮湿、阴暗的背面很容易滋生苔藓，从而使一些砖雕慢慢剥落。

4. 古镇居住环境差，基础设施有待改进

传统的居住环境与现代生活模式之间存在着相当大的矛盾，传统建筑在采光、通风、卫生等方面不能适应现代生活的需求，居住性能较差。另外，基础设施（水、电、气等）和环境卫生设施（厕所、垃圾集运等）滞后，都影响了居民的实际生活水平，并由此衍生出居民擅自乱搭乱建，以及消防安全方面的隐患。

5. 古镇核心街区与新镇区缺乏合理规划，风格不协调

新镇区在古镇核心街区的周边任意发展，缺乏合理规划，新建建筑与传统建筑风格迥异，极不协调。省道 307 从镇中穿过，将古镇一分为二，破坏了古镇的整体格局，严重影响古镇的整体风貌。

6. 对生态环境造成了一定的破坏

随着旅游的兴起，大量游客涌入古镇，根据柞水官方网站统计报道，在 2006 年春节假日，凤凰古镇每日平均接待观光客 1200 人以上，周末则接近 2000 人，这已严重超出古镇原有的环境容量，但配套设施不完善，导致产生的大量污水和垃圾，随意排入周边河道，造成河水污染、河道垃圾漂浮等环境问题，对古镇的自然环境造成严重的破坏。

第四节　保护与传承的策略及方法

凤凰古镇的变迁记载了它从唐宋直至今天的发展历程，是当地商业兴衰、文化交融的见证，是我们必须保护的珍贵文化遗产。

对于古镇的保护与传承，前辈们做了各种尝试，阮仪三先生在《新场古镇》一书中提出设立“原住居民文化生态保护区”的构想，不仅保存了原住居民的生活场所空间，包括古镇的整体格局、传统建筑等，更重要的是保护了

原住居民的生活方式和传统文化，使古镇能够真正传承下去。

因此，对于凤凰古镇的保护与传承可以从下面几个方面进行。

一、整体环境的规划整治

必须坚持分区规划的原则，按照核心保护区和保护边缘区依次分区规划，建立科学有序的凤凰古镇保护区域规划。

1. 核心保护区

核心保护区主要是古镇的“S”形主街。这里仍然是当地居民生活的地方，与人们生活的方方面面息息相关，不能像博物馆的文物一样，完全照原样丝毫不变地保存下去，但也不能任由居民随意增改，破坏了传统建筑风貌。因此，通过对核心街区上的所有建筑的历史价值、科学价值、保存情况等内容的调查，将古镇的核心保护区分为三段进行保护（见图 5.5）。

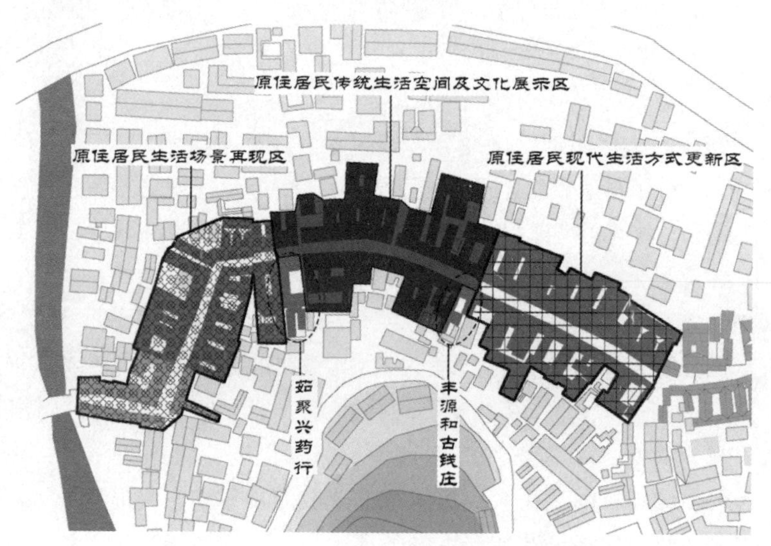

图 5.5　核心街区分段保护示意图

（1）西段：原住居民生活场景再现区。西段从茹聚兴药行向西，为一段曲线型街道，端部邻近小桥，桥下为水滴河沟，河西边为小镇新区。

这一段的民居建筑规模不大，建筑院落布局因地随形，规模形式不一，这里定位为：“原住居民生活场景再现区”，炸油糕、酒作坊、豆腐店、山货店，这部分居民大多以土特产加工买卖为业，基本保留原来的使用情况。

保护整治的重点：

1）建筑外观整治，对乱拉的电线、遮阳篷等进行统一规划设计，保持原有传统风貌。

2）内部生活设施的改进：对厨房和卫生间的改造，满足居民现代生活需求。

3）对部分危房进行加固修缮：有部分房屋，由于年代久远，失于维护，已成为危房，一旦倒塌，将造成无法挽回的损失，因此，对于这部分房屋进行必要的加固，以保证其安全性。

（2）中段：原住居民传统生活空间及文化展示区。中段从茹聚兴药行往东，直至丰源和古钱庄。这里是凤凰古镇传统建筑保存最完整的一段，具有较高的价值，目前大多是当作餐馆经营。我们将这里定为“原住居民传统生活空间及文化展示区”。一方面，可以使人们能够体验这里的居民最原汁原味的生活空间、生活环境；另一方面，还可以将这里作为古镇建筑空间的核心展示区，展示古镇历史、古玩古物，或者展示一些当地的特色文化，例如古镇历史文化展览馆，缫丝、造纸、酿酒、制作腊肉等传统工艺展示区，并可让游客共同参与，体验各种传统工艺的制作工程；还可将当地的传统戏曲渔鼓戏和茶楼文化相结合，供游客休憩。

保护整治的重点：

1）恢复院落原貌：这一段中的传统院落在近年的使用过程中，屋主曾做过一些改建，其中所使用的建筑材料比如吊顶用的铝合金板，与建筑极不协调。

2）还有一些院落，原本是完整的一套，但由于后代继承时，兄弟分家，就对院落进行了分隔，这些都对原有的建筑风貌产生了不良的影响，应尽量恢复建筑原貌。

3）这些保存完整的院落，建筑均为二层，但二层大多闲置，堆放杂物，脏乱不堪，可对其进行整治，并赋予新的功能。

4）为了能更好地保护这些重要的典型院落，可考虑在内部接入网络，消防喷淋等设施。

5）还可将一些保存较完整的宅院置换为一些民间艺术团体展示活动、创作等的场所，使传统建筑功能活化起来。

（3）东段：原住居民现代生活方式更新区。东段是从丰源和古钱庄往东的区域，这一区域大多是些住户，建筑的规模也相对较小，其中有一部分建筑已经严重损毁，再继续向东，逐渐和小镇的新建建筑连成一片，是由核心古镇传统风貌向新建城风貌中间转换并融合的地区。

我们将这一区域定义为“原住居民现代生活方式更新演绎区”。这段区域中的建筑有相当部分已是新建建筑，并且向东边继续延续，有很多近年所建的新建筑。这一区域应规范建筑的性质、规模、高度以及建筑风格，应与核心保护区内的传统建筑尽量保持协调，可以考虑仍旧采用砖、木、土、石等传统材料进行设计建造。

保护整治的重点是：

1）对现存的建成环境进行空间环境的再整合，保持传统街巷的组织方式和尺度关系，对建筑进行传统风貌的再设计，积极改善居民的生活质量。

2）对于已经严重损坏的部分，必须进行加固和修缮，对已经倒塌的建筑物，可根据其原状，使用原有材料，重新改造。

2. 保护边缘区

核心保护区周边是新镇区，大量新建建筑风格突兀，仿古建筑粗糙滥制，很难与古镇形成统一风格。这样的文化盆景式格局存在很多弊端，一是被现代建筑淹没难以发挥鲜明特色；二是没有深度建设的旅游休闲空间无法向游客传递古镇的韵味，与其他特色鲜明的景点相比没有竞争优势，并且难以被游客认可；三是旅游发展是长期性的，加强建设才能不断吸引游客住进古镇，拉长产业链（见图5.6）。

风格统一的文化建筑环境

图5.6　文化盆景和统一的文化建筑

二、自然环境的保护与控制

对自然环境的保护也很重要。古镇周边山水环绕，有着如画的美景，这里气候宜人，物产丰富，具有先天的优势资源。但是，随着新镇区的建设，人口的增加以及旅游产业的迅速发展，给这个原本和谐发展的自然生态环境带来了超负荷的污染，没有处理就随意丢弃的垃圾以及随意排放进河道的生活污水，对自然环境造成了不小的破坏，长此以往，必定后果严重。因此，必须提出具体的环境保护措施，比如如何处理各种垃圾、污水等，以减小对自然环境的破坏。

三、非物质文化遗产的保护与传承

千年历史的传承，除了建筑以外，这里还留存下来许多其他珍贵的非物质文化遗产，比如酿酒、缫丝、手工编织等。这些传统工艺很多存在着失传的危险，原因是多种多样的，但最主要的原因是年轻一代意识不到这些技艺的重要性，也觉得以此难以维持生计，所以，很多不在古镇里经商的人宁可外出打工，也不愿意从事传统手工艺。我们可以以旅游开发为契机，将手工艺的介

绍、工艺流程详细介绍给游客，同时提供可参与的活动，将单纯的旅游和文化传播紧密联系起来，相信必会得到双赢的效果。

四、旅游开发策略合理运用

1. 统一风格，注意细节设计

古镇的旅游开发没有形成系统的文化品牌，很多方面需要进行统一规划设计，例如，现代化的管网、电线可以进行埋地处理，路灯、垃圾箱、标识牌等公共设施延续古街风格色调，做到风格一体化。

在餐饮方面，餐厅的装饰风格、招牌、广告、菜单都应该有所特色，例如可以推出手绘系列菜单、特产展示柜、菜品展示墙、店铺文化展示墙（见图5.7、图5.8）。也可为游客提供住宿、听渔鼓戏及其他休闲服务。在零售业方面，以酿酒售酒为例，可以提供一些酿酒过程的图片或者视频展示、参与酿酒过程的体验活动、以酒文化为主题的住宿服务。

图5.7　手绘菜品展示墙

图5.8　编织品装饰墙

2. 结合古镇特点，开发周边旅游产品

旅游产品是古镇的名片。凤凰古镇的旅游产品种类较少，除了一些山货、特色小吃、自酿酒以外，几乎没有其他产品，而这些既有产品从设计到包装都乏善可陈，无法突显千年古镇的文化底蕴。

因此应对旅游产品进行重新设计和开发。

（1）小吃和酒可以在包装设计方面重新构思，销售模式也可以结合展览销售、试吃销售、景点销售等方式进行。

（2）编织品、竹筒等工艺品制作则需要更加精细化的加工、创意的外观设计、多型号多功用产品的开发等。

（3）凤凰古镇也可以发行本地特色的明信片、书签、印章、地图、旅游攻略等产品（见图 5.9）。

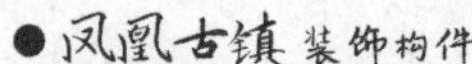

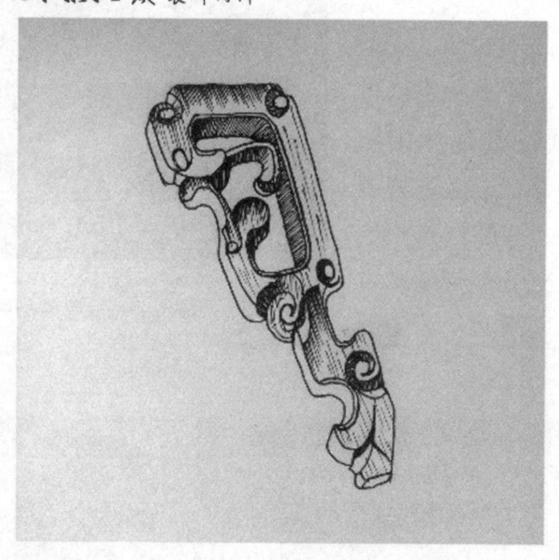

图 5.9　手绘明信片

3. 形成完整的旅游产业链

目前古街中基本没有提供娱乐休闲的空间，这样很难吸引游客在此停留。因此，应适当发展旅游购物、特色餐饮、宾馆客栈、休闲娱乐、文化艺演、观

光体验及其他综合配套产业，丰富旅游产业链。很多店铺的二层及后院以及由主街延伸的巷道等闲置空间也可以植入茶饮、咖啡、桌球、酒吧这些娱乐休闲功能。但应注意控制规模，切忌喧宾夺主，破坏古镇整体风貌。

4. 充分利用周边的旅游资源形成旅游区域

建设新农村试点，发展观光农业旅游农业，使游客来凤凰古镇的同时体验陕南独特的农业生活，感受劳动的快乐，比如游客可以去采蘑菇，摘核桃，种蔬菜，自己收集野味。与周边的矿山旅游相结合与融合，矿山旅游可以发展成为学生实习的旅游景区，与周边景区串联成一日游柞水溶洞、凤凰古镇与柞水九天山，进而与安康的景区跨区域合作发展周末两日游。

5. 引入新住户，共同发展

新的住户不仅有资金、人脉资源上的优势，同时也能提供创新的发展模式。在丽江古城，很多店主都是有故事的人，其中不乏有网红、明星、作家、艺术家等等，他们个人的效应也为古城增添了人气。凤凰古镇也可发挥自己的优势，吸引周边如西安的高校团体、艺术家等来此参观、投资。

6. 培养高素质的凤凰古镇旅游从业人员

当地政府必须站在战略高度上，认识到人才是第一资源，制定有力的措施培养一批具有专业素养的文化旅游人才，从质量和数量上保证旅游业发展对人才的需要，要求相关部门应对当地的旅游从业人员进行正规的教育培训，更好地为古镇旅游服务，提高当地居民的素质，充分调动当地居民的积极性，自觉地保护凤凰古镇的传统风貌和文化脉络。

第五节　自然环境的保护

丰富的动植物资源与良好的生态环境，古镇所在的秦岭南坡陕南商洛地区人居环境极好。据人口普查结果显示，长寿人群众多，截至 2013 年底，仅商洛市区 90~94 岁的老人 396 位，95 岁以上老人 59 位（其中 99 岁老人 4 位，98 岁老人 5 位）。绝佳的气候资源和水资源是造就这一长寿健康良好生活福地的主要因素。

1. 好空气

2014 年的环保局空气优良天数的统计结果表明，商洛地区所在地空气达到或好于二级环境质量标准的天数为 351 天，其中一级天数 284 天。负氧离子含量统计显示，商洛市地处秦岭腹地，森林覆盖率达 68. 2%，空气负氧离子含量 50 000 个/m^3，高于许多一线城市 10 多倍，是国家级生态示范区、国家南水北调水源涵养区，是“天然氧吧”。据近3年的统计数据显示，以关中地区的西安为例，年空气质量优良率不足50%，商洛则达到96%。对比全国许多地区，尤其是北方冬季因污染严重而导致的雾霾天气，古镇所处的陕南地区的空气质量在全国所有区域中都属极佳。

2. 好水

商洛地区的饮用水源保护区水质达标率为100%，水pH值为7.2左右，是典型的弱碱性水，含钠、镁、钙、锗等十多种有益人体健康的微量元素。通过对水温、pH值、电导率、硫酸盐、硬度、氟化物、溶解氧、氰化物、总砷等19项水质指标的监测和评价，商洛境内的水源供水情况均为合格。

从部分咏颂商洛的唐诗中，可看到陕南自古以来崇尚美好自然环境的人文氛围。如王勃的《春园》“山泉两处晚，花柳一园春。还持千日醉，共作百年人”。蔡隐丘的《石桥琪树》“山上天将近，人间路渐遥。谁当云里见，知欲渡仙桥”。最为人们熟知是盛唐诗人王维，他在辋川别业写下了许多以歌颂秦岭风光的诗作，其中的一首《鹿柴》更是人尽皆知，“空山不见人，但闻人语响。返景入深林，复照青苔上”。

3. 健康的食材、中药材

从整个秦岭山区的优质动植物资源可以看到陕南商洛地区整体土壤质量优良，雨水充足，有着“秦岭山中无闲草”的美誉，中药材1119多种，是天然的药库，以桔梗、当归、红参为代表的中草药是养生上品。盛产核桃、柿子、板栗、豆类等有益长寿的食材和特产。

古镇所处的秦岭山地气候、植被、土壤垂直分异规律明显，四季分明，夏热冬冷，夏秋多雨。古镇周围的山地景观更是有奇峰峻岭、悬泉飞瀑、茫茫林海、奇花异草、飞禽走兽等共同构成独具特色的自然景观。

古镇无论是适宜的气候环境还是丰富的动植物资源皆来自于山林，生态系统基础好，活力高，因此最为明显的生态旅游资源也就是山林。由于地处秦岭这个天然林场，使得古镇森林覆盖率极高。

山林的功能多样，特别在区域生态环境的改善和保护、水土保持、水源涵养等方面，其功能极为独特。同时这种自然资源也把游览观光、度假休闲、健身疗养等提供给游客。而且古镇也有机地结合了人文景观和山林景观，很好的融合了公众对于文化多样性与自然多样性的欣赏需求，全面拓展了旅游的主体内容。对于人文景观来说，山林的烘托、点缀、陪衬功能更甚，让人内心的美好意境顿生，就此提升持久吸引力与美感。活力的标志，生命的象征就是绿色，绿色如果缺失，人文景观便会显得活力不足与单调。

第六节　非物质文化遗产保护

2005年，国际古迹遗址理事会（ICOMOS）发布的《西安宣言》中提到，关于文化遗产的保护，已经进入一个新的阶段，即从保护可见的、可触摸的物质文化遗产向保护包括物质、非物质文化遗产在内的整体文化遗产转变，ICOMOS副主席郭旃说：“从物质与非物质两个方面展开的相关的保护实践已经成为文化遗产保护领域新时代的潮流。”

根据《中华人民共和国非物质文化遗产法》规定，非物质文化遗产包括下面几类：

（1）传统口头文学以及作为其载体的语言。

（2）传统美术、书法、音乐、舞蹈、戏剧、曲艺和杂耍。

（3）传统技艺、医药和历法。

（4）传统礼仪、节庆等民俗。

（5）传统体育和游艺。

（6）其他非物质文化遗产。

古镇在漫长的历史沉淀过程中，除了有形的物质文化遗产之外，还有许多非物质文化遗产，这些非物质文化遗产的保护与传承，也至关重要。

一、汉调二簧

汉调二簧在陕西流行很广。汉调二簧是在清代中期传入柞水地区的，乾隆年间，湖北黄冈移民带来了二簧这一剧种。

汉中府的西乡县是汉调二簧在陕南衍生的重要基地。清咸丰元年（公元1851年），由西乡县二簧艺人来商洛授艺，培养了一大批杰出的门徒，这些门徒及他们的弟子为柞水汉调二簧奠定了基础。

柞水县的汉调二簧一般分为两种，一种是土二簧，一种是洋二簧。其中洋二簧较为纯粹的保持了汉剧的传统演出形式，算是较为正统的二簧；土二簧则融入了更多当地的民间山歌、小调之类，乡土气息更为浓郁。

古镇地区的汉调二簧唱腔委婉缠绵，以土二簧为主，达到了很高的水平。并且在山阳、镇安以及柞水等地的影响颇大，远近闻名。

在过去，古镇居民娱乐项目较少，看戏是其中一个重要的娱乐方式。每逢大戏上演，凤凰镇街就挤得水泄不通。经常上演的主要有《马三保镇北》《二度梅》《天门阵》《昊天塔》《四郎探母》《三娘教子》等30多个传统曲目。

古镇在表演汉调二簧的时候还有一套独特的传统习俗：即新戏楼必须经过“破台”后才能使用。在新戏楼落成当日，要专门演一出“破台戏”。破台戏开始，首先由“掌团师”发布破台令，随着锣鼓声响，“检场”在台口剁掉公鸡头，其他演员由上下马门同时出场，并手持鞭炮围炸翻腾不止的无头公鸡。接着，“王灵官”大喊一声，由马门冲到台口，扎下“前弓后箭”的姿势。“掌团师”站在一旁口诵“戏文”（主要是一些为地方祈福的吉利话）。直到唱道“请灵官开金口露银牙”，“检场”手托香盘，接住“灵官”口中吐出的银币。此时，灵官开始舞鞭说白，手持鞭炮绕着上下马门来回行走，最后由“掌团师”在中场贴符并钉上鸡头碗，破台方告结束。

直到今天，古镇上还有专门的戏社，闲来无事就有居民聚在那里唱戏自娱。

二、舌尖上的优雅——凤凰古镇酿酒文化

酒，芳香浓郁，醇和软润，风味多样。凤凰古镇传统酿酒工艺，历史悠久，独树一帜。随着科技的发展，现代酿酒器械、技术被熟练运用，但是凤凰古镇酿酒依然采用传统工艺，酿出原汁原味的醇酿。此外，为了迎合健康饮食以及罐装保存的需要，杀菌也是传统酿酒生产中的一道必备工序。“酿酒之肉”的糯米和“酿酒之血”的山泉水是酿出一坛良醇必不可少的原材料。

凤凰古镇传统酿酒工艺采用固态发酵法，发酵时添加一些辅料，以调整淀粉浓度，保持酒醅的松软度，保持浆水。除原料和辅料外，还需有酒曲。以淀粉原料酿酒时，淀粉需经过多种淀粉酶的水解作用，生成可进行发酵的糖，才能为酵母所利用，这一过程称之为糖化，所用的糖化剂称为曲（或酒曲、糖化曲）。曲是以含淀粉为主的原料做培养基，培养多种霉菌，积累大量淀粉酶，是一种粗制的酶制剂。目前常用的糖化曲有大曲（生产名酒、优质酒用），小曲（生产小曲酒用）和麸曲（生产麸曲白酒代理用）。生产中使用最广的是麸曲。而凤凰古镇传统酿酒工艺中制曲以小麦为原料，磨粉加水，脚踩，然后加入黄蒿、铁杆蒿，静置一月即可。

含有淀粉和糖类的原料都可以酿制白酒，但不同的原料酿制出的白酒风味各不相同。粮食类的高粱、玉米、大麦；薯类的甘薯、木薯；含糖原料甘蔗及甜菜的渣、废糖蜜等均可制酒。野生植物，如橡子、菊芋、杜梨、金樱子等，也可作为代用原料。大爷热情地邀请我们品尝刚刚酿好的新酒，清冽醇香的味道让人陶醉。初步蒸馏得到度数较高的酒，在 50°~60°左右，随着蒸馏的进行，得到的酒的度数逐渐下降，中期蒸馏时得到的酒在 40°~50°左右，末期蒸馏得到的尾酒在 20°~30°左右，味道酸酸的，有点类似“醪糟”（见图 5. 10）。

图 5.10　酿酒

伴随着醇香甘甜的佳酿，凤凰古镇还产生了酒的另一种曼妙与优雅——酒歌。

柞水酒歌是饮酒场合的特定民俗歌曲，划拳行令中即唱酒歌，歌词相对有固定的四句或六句，即兴变化，出拳喊数，输者饮酒。酒歌曲调简单，节奏明快，通俗易学。柞水酒歌常见的有老汉拳、牛头拳、双飘带、蛤蟆拳、牧童拳等。如《蛤蟆拳》：划拳的二人同时唱前四句：一条蛤蟆四条腿，两只眼睛一张嘴，嘴儿张张要喝水，扑腾扑腾跳下水。接着二人出拳喊数 x 个 x 个你喝水（酒），一直划到拳成数着喝酒为止。也有在划拳过程中夹有蛤蟆张嘴、跳水的表演动作，现场气氛浓烈。

三、文化传承的贡献——古镇造纸

造纸是古代中国劳动人民的重要发明，对人类文化的传播起到了重要的作用。《后汉书·蔡伦传》中记载：“自古书契多编竹简，其用缣帛者谓之为纸，缣贵而简重，并不便于人。伦乃造意，用树肤、麻头及蔽布、渔网以为纸。”是说，最早人们是用竹简、绢帛来当作纸使用的，但竹简太重，绢帛太贵，都不易推广，后来蔡伦发现使用树皮、麻布、渔网等便宜的材料可以用来造纸。

这种造纸技术在各地推广，并在使用过程中不断改良。凤凰古镇的造纸方式就是采用竹帘、聚酯网或铜网的框架，将分散悬浮于水中的纤维抄成湿纸页，经压榨脱水，再行晒干或烘干成纸。和机制纸张最大区别在于，由于手工纸采用人工打浆，纸浆中的纤维保存完好；机制纸采用机器打浆，纸浆纤维容易被打碎，其韧性拉力等远不及手工纸。另外，机制纸存在纤维纵横向分布不均的问题，而手工纸则没有这方面的问题，特别体现在书画用纸上，如宣纸。

凤凰古镇附近的陈家湾村、严坪村等地区仍然使用古代工艺进行手工造纸，其造纸的原料是构树皮。构树，别名褚桃等，为落叶乔木，高 10~20m；树皮平滑，浅灰色或灰褐色，小枝密生柔毛，不易裂，全株含乳汁。为强阳性树种，具有速生、适应性强、分布广、易繁殖、热量高、轮伐期短的特点。在我国的温带、热带均有分布，不论平原、丘陵或山地都能生长。构树的内皮层纤维较长而柔软，吸湿性强，其韧皮纤维是造纸的高级原料（见图 5. 11）。

图 5. 11　构树

古镇造纸程序可分为制浆、捞纸等主要步骤。其中制浆的过程最为复杂，耗费时间也最长。

首先，采集原料。每年清明前后剥下构树主干或枝干上的皮，并将皮的绿色表层去掉，留下内层的嫩皮，作为制浆的原料。此时要进行大量的采集工作，以满足一年之用；

接着，将采集的构树皮进行晾晒。将树皮置于阳光下曝晒 3~5 天，晒干后贮存备用。（见图 5. 12）

图 5.12　造纸—晾晒构树皮

第三，浸泡。将晒干后的构树皮完全浸在石灰水中，浸泡两个小时，使构树皮充分吸收水分而变软，直到树皮完全变软为止。然后捞出构树皮再次晒干。

第四，蒸料。把泡好的构树皮放入大铁锅中，按构树皮与石灰 5∶1 的比例混合，即每 50 公斤的构树皮放 1 层 10 公斤石灰。大铁锅下边放置燃料进行蒸制。当构树皮蒸成黑色并且一拉就断时，说明纸料蒸好了。一般 1 吨的构树皮要蒸 7 天 7 夜。蒸构树皮所用的灶台大多位于河边，用块石砌筑，方便蒸好后直接用河水清洗。

第五，清洗构树皮。将蒸好的构树皮用河水冲洗，洗去纸料表面上的污物，并剔除杂质，挤掉水分（见图 5.13）。

图 5.13　造纸—清洗

最后，打浆。将清洗干净的构树皮放在石墩上，用木棒反复捶打，直至构树皮被打碎成大约 40~50 cm 长的片状物，再用刀切成长度约 10 cm 的碎片，使构树皮的纤维能够在水中自然散开（见图 5.14）。

图 5.14　造纸—打浆

通过以上六个步骤就做好了制浆，接下来要做的是捞皮纸，也就是将打好的纸浆用竹帘捞取树皮的纤维形成皮纸。造纸作坊内有一大一小二个池子，小池子是用来存放捶打好的构树皮碎片，大池则用来盛放捞皮纸用的纸浆。大池旁边有一个深约 0.5 m、长宽各 0.5 m 的坑，供捞皮纸者站立。捞皮纸所用工具为用细竹丝编成的竹帘子，将竹帘子放入纸浆池中，左右回荡，使所捞纸浆均匀，然后将竹帘子拿出纸浆池，竹帘子上剩下一层薄薄的纸浆膜，便捞成了一张皮纸。然后把皮纸扣到湿纸台上。纸张的厚薄主要决定于竹帘子在纸浆池中摇动的程度。轻荡捞出的皮纸就薄，重荡捞出的皮纸就厚（见图 5.15）。

图 5.15　造纸—捞皮纸

图 5.16　造纸—晾晒皮纸

每次可以捞起数千张皮纸，在这些皮纸堆上压上木板，木板上放置长木棍，上边再加上石块进行挤压，将多余的水分挤出。一般需要大约一个晚上的时间才能将多余的水分全部挤出，所以常是白天捞皮纸晚上进行压榨。

皮纸中的水分被挤干后，用木板将纸坯轻轻的敲打，使原来连在一起的纸坯分页，这就是松纸。松纸后将纸张立即贴在墙上进行晾晒（见图 5.16）。晾晒的时间主要是看出当时的天气情况，快则一天，慢则三到四天。等皮纸干后再慢慢地将其从墙上揭起。这样造纸过程就结束了（见图 5.17）。

图 5.17　造纸—造好的纸

中国人自古就有慎终追远的习俗，在亲人过世或者进行祭祀活动时都需要用到纸钱。古镇所制作的这种皮纸就是加工纸钱的主要原料。每逢春节、清明节、中元节等日子，家家户户都要上坟扫墓，祭拜祖宗，烧纸钱，纸钱都是用皮纸做的（见图5.18）。

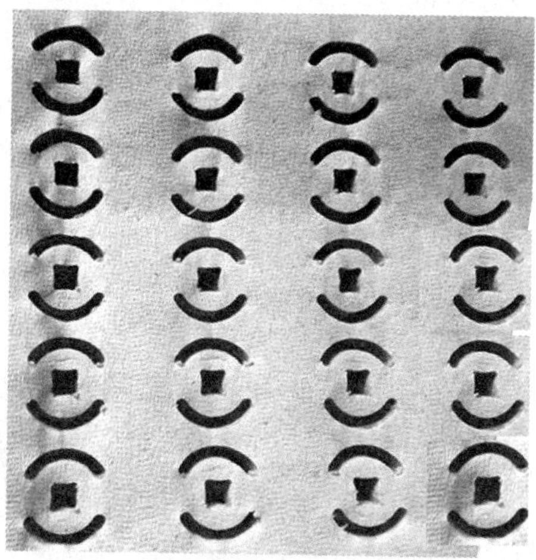

图5.18 纸钱

四、缫丝养蚕

我国植桑养蚕的历史十分悠久，传说黄帝的元妃螺祖是中国第一个种桑养蚕之人。据《通鉴纲目外记》载，“螺祖始教民育蚕，治丝茧以供衣服，而天下无效库之患，后世祀为先蚕”。《礼记·月令》中有“季春三月，蚕事既登，分茧称丝效功，无有敢惰”的记载。在我国古代农业社会中，植桑养蚕对于社会经济的发展具有十分重要的意义。

古镇的植桑养蚕始于唐而兴于清。唐代中期，社川河沿线育桑养蚕，三叉河口人民集资于开元三年（公元715年）建缫丝坊，从滨江湖郡（今浙江省）引进织染技术。织染的彩绸彩缎，走俏京城长安。清康熙十四年（公元1675年），缫丝坊被吴三桂兵丁焚毁。

后来，古镇居民重建缫丝坊，继续缫丝、织染彩绸、彩缎和丝帕。清道光年间陆襄钱在《蚕桑辑要》中建议利用乾佑、金井、社川三河的滩地广植桑树，以桑养蚕，既可丰衣，又可拦洪。从此孝义厅（今柞水县）植桑养蚕更加兴盛。清《陕西通志》载：“陕南三叉河口缫丝坊，首开陕省织染先河，年产彩绸、彩缎千余匹，丝帕两万余条，均在省内销售一空。”

缫丝，就是从蚕茧中抽出蚕丝的工艺方法。一根蚕丝是由丝素和丝胶两部分组成的，丝素是近于透明的纤维，即茧丝的本体，丝胶是包裹于丝素之外的物质。丝素不溶于水，丝胶易溶于水，但丝胶的溶解与水的温度有关。只有在合适温度的水里丝胶才能溶解，才能够将丝素分离抽出。因此，缫丝都是在沸水中进行的。

缫丝的程序，在《礼记·祭义》中就有记载：“及良日，夫人缫，三盆手。遂布于三宫夫人世妇之吉者，使缫。”郑玄注曰：“三盆手者，三淹也。凡缫，每淹大总而手振之，以出缫也。”这是当时煮茧的方法。蚕丝利用丝胶粘结成茧，缫丝之前必须把茧子在热水中浸煮，使丝胶软化，蚕丝解舒，丝绪

浮出，才能依次地进行索绪、集绪、绕丝。在缫丝的几个步骤中，煮茧最为关键。在秦汉时期，沸水煮茧缫丝的工艺就已经相当普遍，例如，《春秋繁露》中就有记载“茧待缫以溶汤而后能为丝。”沸水煮茧能使茧迅速软化，丝胶也较易溶解，丝就可以逐层依次舒解，缫时几根丝集合也能抱合良好，因此可以减少落绪，避免产生疙瘩，提高了生丝的质量。

古镇居民缫丝的程序与古代的记载大同小异，其具体的操作程序是：将蚕茧放到锅里煮，每次大约能放入 1000 克左右的蚕茧。开锅 5 分钟后，捞起 10 个左右的蚕茧。这时，因为热水的煮沸蚕茧的表面开始有蚕丝脱落，可以很容易地找到蚕茧的蚕丝头，将十根左右的蚕丝并在一起。开始转动纺车右边的大轮子，大轮子有皮带带动一小线轴（即纱锭），就把蚕丝绕到小线轴上了。每个蚕茧的蚕丝可以达到 800~1000 m 的长度，如果蚕茧蚕丝卷完后，在继续接上下面的蚕丝，就这样一轴轴的蚕丝缠好了。一些老年居民，仍旧使用着老式的方法进行缫丝。这里的丝织品是用当地特有的榨蚕丝做成的，比起桑蚕丝，榨蚕丝更为经久耐用，在古代这些蚕丝织物通过山路和水路运到西安和武汉，很受青睐（见图 5.19）。

图 5.19 缫丝养蚕

五、凤镇绝活——编织

手工编织在古街上比较常见，但从业者皆为老人。编制材料主要有竹子和塑料两种。编织品的种类很丰富，有草鞋、篮子、筛子、盘托和扇子等。此外，古街个别院子里还挂着雨伞出现前古人穿戴的蓑衣，这种蓑衣很少见，但是编得很精细。店铺主人常把蓑衣挂出来供游人拍照参观，可惜现在会编织蓑衣的人少之又少。

编织品的经营模式主要分为两种，一是经营者自己编织，自己销售，二是由凤镇附近的乡村收购村民已经编织好的制品，而后进行销售。在古镇大街上经常会看到有附近居民背着自己编好的东西，走街串巷贩售（见图 5. 20）。

图 5. 20　走街串巷的小贩

古镇贩卖的编织品按材料可以分为三类，第一类是竹制编织品，这类虽然污染小，但是大自然能提供的原材料数量有限，同时也受竹子的生长周期限制。据当地人介绍，竹子要生长到可以采伐的理想状态至少需要三年时间，这无疑很大程度的影响了竹制编织品的生产周期（见图 5. 21）。第二类是用草编织的东西，取材方便，造价低廉，比如蓑衣、草鞋等（见图 5. 22）。第三类是用塑料编织的，如菜篮等，优点是结实耐用。(见图 5. 23)

图 5.21　竹制编织品

图 5.22　草制编织品

图 5.23　塑料编织品

六、凤镇打铁工艺

打铁是一种原始的锻造工艺，盛行于 20 世纪 80 年代前的农村。这种工艺，虽然原始，但很实用；虽然看似简单，但并不易学。人生三苦：打铁，撑船，磨豆腐。日夜在炼炉旁忍受炎热炙烤，活着如同入地狱。凤凰古镇因其特殊的地理条件，所用农具需要自己打制，所以打铁工艺仍然很流行。

打铁铺也称“铁匠炉”。所谓“铺”只是一间破房子，屋子正中放个大火炉，炉边架一风箱，风箱一拉，风进火炉，炉膛内火苗直蹿。要锻打的铁器先在火炉中烧红，然后移到大铁墩上，由师傅掌主锤，下手握大锤进行锻打。上

手经验丰富，右手握小锤，左手握铁钳，在锻打过程中，上手要凭目测不断翻动铁料，使之能将方铁打成圆铁棒或将粗铁棍打成细长铁棍。可以说在老铁匠手中，坚硬的铁块变方、圆、长、扁、尖均可。铁器成品有与传统生产方式相配套的有农具，如犁、耙、锄、镐、镰等，也有部分生活用品，如菜刀、锅铲、刨刀、剪刀等，此外还有如门环、泡钉、门插等（见图 5.24）。

图 5.24　打铁

参考文献

[1] 陈志华．古镇碛口乡土建筑［M］．北京：中国建筑工业出版社，2004.

[2] 何智亚．四川古镇［M］．重庆：重庆出版社，2009.

[3] 李红，周波．巴蜀城镇景观特征的解读及其保护［J］．四川建筑科学研究，2010（6）：213

[4] 李红，周波．巴蜀传统古城镇景观保护措施的研究［J］．安徽农业科学，2010，38（2）：976

[5] 阮仪三．南浔［M］．浙江：浙江摄影出版社，2015.

[6] 杨国胜，龙彬．基于旅游动力的历史城镇保护利用整合探析［J］．四川建筑科学研究，2014（1）：271

[7] 姚子刚，庞艳．南阳古镇——历史文化名镇的保护与发展［M］．北京：东方出版社，2017.

[8] 赵万民．丰盛古镇［M］．南京：东南大学出版社，2009.

[9] 赵万民．罗田古镇［M］．南京：东南大学出版社，2009.

[10] 赵万民．山地人居环境七论［M］．北京：中国建筑工业出版社，2015.